·林木种质资源技术规范丛书·

丛书编委会主任：郑勇奇 林富荣

（2-4）

自榆种质资源

描述规范和数据标准

DESCRIPTORS AND DATA STANDARD FOR WHITE ELM GERMPLASM RESOURCE

(ULMUS PUMILA L.)

臧德奎 解荷锋 李 斌/主编

中国林業出版社
CFPH China Forestry Publishing House

图书在版编目(CIP)数据

白榆种质资源描述规范和数据标准 / 臧德奎, 解荷锋, 李斌主编. —北京: 中国林业出版社, 2019.12

ISBN 978-7-5219-0430-7

Ⅰ. ①白… Ⅱ. ①臧… ②解… ③李… Ⅲ. ①白榆 - 种质资源 - 描写 - 规范 ②白榆 - 种质资源 - 数据 - 标准 Ⅳ. ①S792.190.4

中国版本图书馆 CIP 数据核字(2020)第 001669 号

中国林业出版社·风景园林分社

责任编辑: 何增明 张 华

出版发行: 中国林业出版社(100009 北京西城区德内大街刘海胡同 7 号)

网 址: http://lycb.forestry.gov.cn

电 话: (010)83143566

印 刷: 固安县京平诚乾印刷有限公司

版 次: 2020 年 4 月第 1 版

印 次: 2020 年 4 月第 1 次

开 本: 710mm × 1000mm 1/16

印 张: 6.25

字 数: 150 千字

定 价: 39.00 元

林木种质资源技术规范丛书总编辑委员会

《白榆种质资源描述规范和数据标准》编委会

主　编　臧德奎　解荷锋　李　斌

副主编　李景涛　段春玲　周继磊
　　　　　唐国梁　田桂兰

执笔人　（以姓氏笔画为序）
　　　　　田桂兰　李　斌　李景涛
　　　　　周继磊　段春玲　崔宏新
　　　　　唐国梁　解荷锋　臧德奎

审稿人　李文英

林木种质资源技术规范丛书

总前言 PREFACE

林木种质资源是林木育种的物质基础，是林业可持续发展和维护生物多样性的重要保障，是国家重要的战略资源。中国林木种质资源种类多、数量大，在国际上占有重要地位，是世界上树种和林木种质资源最丰富的国家之一。

我国的林木种质资源收集保存与资源数字化工作始于20世纪80年代，至2018年底，国家林木种质资源平台已累计完成9万余份林木种质资源整理和共性描述。但与我国林木种质资源的丰富程度相比，尚缺乏林木种质资源相关技术规范，尤其是特征特性描述规范严重滞后，远不能满足我国林木种质资源规范描述和有效管理的需求。林木种质资源的特征特性描述为育种者和资源使用者广泛关注，对林木遗传改良和良种生产具有重要作用。因此，开展林木种质资源技术规范丛书的编撰工作十分必要。

林木种质资源技术规范的制定是实现我国林木种质资源工作标准化、数字化、信息化，实现林木种质资源高效管理的一项重要任务，也是林木种质资源研究和利用的迫切需要。其主要作用是：①规范林木种质资源的收集、整理、保存、鉴定、评价和利用；②评价林木种质资源的遗传多样性和丰富度；③提高林木种质资源整合的效率，实现林木种质资源的共享和高效利用。

《林木种质资源技术规范》系列丛书是我国首次对林木种质资源

工作和重点林木树种种质资源的描述进行规范，旨在为林木种质资源的调查、收集、编目、整理、保存等工作提供技术依据。

林木种质资源技术规范的编撰出版，是国家林木种质资源平台的重要任务之一，受到科技部平台中心、国家林业和草原局等主管部门指导，并得到中国林业科学研究院和平台参加单位的大力支持，在此谨致诚挚的谢意。

由于书中涉及范围较多，难免有疏漏之处，恳请读者批评指正。

总编辑委员会

2019 年 5 月

前言 PREFACE

白榆为榆科(Ulmaceae)榆属(*Ulmus* L.)落叶乔木，别名榆、家榆、钱榆，高达25 m，分布在中国东北、华北、西北及西南各地，生于海拔2500 m以下之山坡、山谷、川地、丘陵及沙岗等处，全国各地广泛栽培。朝鲜、俄罗斯、蒙古也有分布。

白榆是我国分布栽培最为普遍的树种之一，材质优良，具有良好的耐旱、耐寒、耐盐碱和抗风能力，是北方广大平原和盐碱地、沙荒地营造用材林、防护林以及四旁绿化的重要树种。它生长快、寿命长，能够生长在干旱瘠薄的固定沙丘和栗钙土上，而且年年结实、结实量大，翅果散布远，发芽能力强，扎根迅速，幼苗健壮，成为生态环境恶劣区最重要的保土、固沙树种。国内外对白榆的研究较少，主要集中在白榆植被恢复及生态建设、根系分布特征、局部种群遗传多样性、组织培养、叶片再生遗传改良更新及病虫害防治等方面，而对白榆种质资源评价以及收集、保存和利用等重视不够，亟待加强研究。

规范标准是国家自然科技资源共享平台建设的基础，白榆种质资源描述规范和数据标准的制定是国家林木种质资源平台建设的重要内容。制定统一的白榆种质资源规范标准，有利于整合全国白榆种质资源，规范白榆种质资源的收集、整理和保存等基础性工作，创造良好的资源和信息共享环境和条件；有利于白榆种质资源的保护、利用和创新，促进全国白榆种质资源的有序和快速发展。

白榆种质资源描述规范规定了白榆种质资源的描述符及其分级标准，以便对白榆的种质资源进行标准化整理和数字化表达。白榆种质资源数据标准规定了白榆种质资源各描述符的字段名称、类型、长度、小数位和代码等，以便建立统一、规范的白榆种质资源数据库。白榆种质资源数据质量控制规范规定了白榆种质资源数据采集全过程中的质量控制内容和质量控制方法，以保证数据的系统性、可比性和可靠性。

《白榆种质资源描述规范和数据标准》由山东省林木种苗和花卉站、山东农业大学、中国林业科学研究院林业研究所、丰宁国有林场管理局邓栅子林场白榆国家林木种质资源库等单位共同参与编写。在编写过程中，参考了国内外有关文献，由于篇幅有限，书中仅列主要参考文献，并在此致谢。因编著者水平所限，错误和疏漏之处在所难免，恳请批评指正。

编著者

2019 年 6 月

目录 CONTENTS

白榆种质资源描述规范和数据标准制定的原则和方法

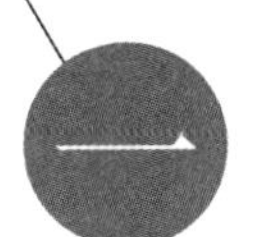

1 白榆种质资源描述规范制定的原则和方法

1.1 原则

1.1.1 优先采用现有数据库中的描述符和描述标准。

1.1.2 以种质资源研究和育种需求为主，兼顾生产与市场需要。

1.1.3 立足于中国现有基础，考虑将来发展，尽量与国际接轨。

1.2 方法和要求

1.2.1 描述符类别分为6类。

1 基本信息

2 形态特征和生物学特性

3 品质特性

4 抗逆性

5 抗病性

6 其他特征、特性

1.2.2 描述符代号由描述符类别加两位顺序号组成，如“106”“218”“601”等。

1.2.3 描述符性质分为3类。

M 必选描述符(所有种质必须鉴定评价的描述符)

O 可选描述符(可选择鉴定评价的描述符)

C 条件描述符(只对特定种质进行鉴定评价的描述符)

1.2.4 描述符的代码应是有序的，如数量性状从细到粗、从低到高、从小到大、从少到多、从弱到强、从差到好排列，颜色从浅到深，抗性从强到弱等。

1.2.5　每个描述符应有一个基本的定义或说明。数量性状应标明单位，质量性状应有评价标准和等级划分。

1.2.6　植物学形态描述符应附有模式图。

1.2.7　重要数量性状以数值表示。

2　白榆种质资源数据标准制定的原则和方法

2.1　原则

2.1.1　数据标准中的描述符与描述规范相一致。

2.1.2　数据标准优先考虑现有数据库中的数据标准。

2.2　方法和要求

2.2.1　数据标准中的代号与描述规范中的代号一致。

2.2.2　字段名最长12位。

2.2.3　字段类型分字符型(C)、数值型(N)和日期型(D)。日期型的格式为YYYYMMDD。

2.2.4　经度的类型为N，格式为DDDFFMM；纬度的类型为N，格式为DDFFMM，其中D为度(°)、F为分(′)、M为秒(″)；东经以正数表示，西经以负数表示；北纬以正数表示，南纬以负数表示。如“1173618”指的是东经117°36′18″，“-391922”指的是南纬39°19′22″。

3　白榆种质资源数据质量控制规范制定的原则和方法

3.1.1　采集的数据应具有系统性、可比性和可靠性。

3.1.2　数据质量控制以过程控制为主，兼顾结果控制。

3.1.3　数据质量控制方法具有可操作性。

3.1.4　鉴定评价方法以现行国家标准和行业标准为首选依据；如无国家标准和行业标准，则以国际标准或国内比较公认的先进方法为依据。

3.1.5　每个描述符的质量控制应包括样地设计、样本数或群体大小、时间或时期、取样数和取样方法，计量单位、精度和允许误差，采用的鉴定评价规范和标准，采用的仪器设备，性状的观测和等级划分方法，数据校验和数据分析。

白榆种质资源描述简表

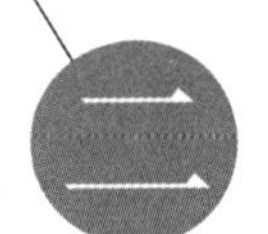

序号	代号	描述符	描述符性质	单位或代码
1	101	资源流水号	M	
2	102	资源编号	M	
3	103	种质名称	M	
4	104	种质外文名	O	
5	105	科中文名	M	
6	106	科拉丁名	M	
7	107	属中文名	M	
8	108	属拉丁名	M	
9	109	种中文名	M	
10	110	种拉丁名	M	
11	111	原产地	M	
12	112	省(自治区、直辖市)	M	
13	113	国家	M	
14	114	来源地	M	
15	115	归类编码	O	
16	116	资源类型	M	1：野生资源(群体、种源) 2：野生资源(家系) 3：野生资源(个体、基因型) 4：地方品种 5：选育品种 6：遗传材料 7：其他
17	117	主要特性	M	1：高产 2：优质 3：抗病 4：抗虫 5：抗逆 6：高效 7：其他
18	118	主要用途	M	1：材用 2：食用 3：药用 4：防护 5：观赏 6：其他
19	119	气候带	M	1：热带 2：亚热带 3：温带 4：寒带

（续）

序号	代号	描述符	描述符性质	单位或代码
20	120	生长习性	M	1：喜光　2：耐盐碱　3：喜水肥　4：耐干旱
21	121	开花结实特性	M	
22	122	特征特性	M	
23	123	具体用途	M	
24	124	观测地点	M	
25	125	繁殖方式	M	1：有性繁殖(种子繁殖)　2：有性繁殖(胎生繁殖)　3：无性繁殖(扦插繁殖)　4：无性繁殖(嫁接繁殖)　5：无性繁殖(根繁)　6：无性繁殖(分蘖繁殖)
26	126	选育(采集)单位	C	
27	127	育成年份	C	
28	128	海拔	M	m
29	129	经度	M	
30	130	纬度	M	
31	131	土壤类型	O	
32	132	生态环境	O	
33	133	年均温度	O	℃
34	134	年均降水量	O	mm
35	135	图像	M	
36	136	记录地址	O	
37	137	保存单位	M	
38	138	单位编号	M	
39	139	库编号	O	
40	140	引种号	O	
41	141	采集号	O	
42	142	保存时间	M	YYYYMMDD
43	143	保存材料类型	M	1：植株　2：种子　3：营养器官(穗条、根穗等)　4：花粉　5：培养物(组培材料)　6：其他
44	144	保存方式	M	1：原地保存　2：异地保存　3：设施(低温库)保存
45	145	实物状态	M	1：良好　2：中等　3：较差　4：缺失
46	146	共享方式	M	1：公益性　2：公益借用　3：合作研究　4：知识产权交易　5：资源纯交易　6：资源租赁　7：资源交换　8：收藏地共享　9：行政许可　10：不共享
47	147	获取途径	M	1：邮递　2：现场获取　3：网上订购　4：其他

（续）

序号	代号	描述符	描述符性质	单位或代码
48	148	联系方式	M	
49	149	源数据主键	O	
50	150	关联项目及编号	M	
51	201	生活型	M	1：大乔木　2：小乔木　3：灌木
52	202	树姿	M	1：直立　2：开张
53	203	树冠形状	M	1：球形　2：卵形　3：长卵形　4：圆柱形　5：倒卵形　6：圆锥形　7：垂枝形
54	204	生长势	M	1：强　2：中　3：弱
55	205	树高	M	m
56	206	冠幅	M	m
57	207	冠体积	M	m^3
58	208	树冠圆满度	M	%
59	209	树干尖削度	M	cm
60	210	主干类型	M	1：直干型　2：弯干型
61	211	树冠内主干是否明显	M	1：是　2：否
62	212	胸径	M	cm
63	213	主干高（枝下高）	M	m
64	214	主干材积	M	m^3
65	215	胸高形数	M	%
66	216	主干弯数	M	个
67	217	主干弯曲（通直度）	M	1：直　2：稍弯　3：弯
68	218	竞争枝数	M	个
69	219	竞争枝角度	M	°
70	220	枝干比	M	%
71	221	幼树树皮颜色	M	1：灰绿色　2：灰白色　3：灰褐色
72	222	幼树皮孔颜色	M	1：褐色　2：棕色
73	223	幼树皮孔排列	M	1：横　2：竖　3：横竖兼有
74	224	幼树皮孔密度	M	1：密　2：中　3：稀
75	225	树皮颜色	M	1：青绿色　2：灰白色　3：灰褐色　4：黄褐色　5：红褐色
76	226	树皮开裂形式	M	1：不开裂　2：浅裂　3：中裂　4：深裂
77	227	树皮开裂方向	M	1：纵裂　2：横裂　3：纵裂兼横裂
78	228	树皮剥落		1：是　2：否

（续）

序号	代号	描述符	描述符性质	单位或代码
79	229	树皮开裂是否规则	M	1：是　2：否
80	230	树干皮孔	M	1：清新可见　2：隐约可见　3：无
81	231	枝条伸展姿态	M	1：直立　2：斜展　3：平展　4：下垂
82	232	枝条木栓翅	M	1：有　2：无
83	233	枝条密度	M	1：密集　2：中等　3：稀疏
84	234	枝下高	O	m
85	235	自然整枝	O	1：差　2：较差　3：中等　4：较好　5：好
86	236	分枝角度	O	°
87	237	分枝粗度	M	cm
88	238	一级侧枝数	M	个
89	239	冬芽形状	M	1：圆锥形　2：卵形　3：圆形
90	240	幼枝被毛	M	1：无　2：稀疏　3：较密
91	241	1 年生枝被毛	M	1：无　2：稀疏　3：较密
92	242	幼枝颜色	M	1：淡绿色　2：绿色　3：黄绿色　4：黄色
93	243	1 年生枝颜色	M	1：青绿色　2：灰白色　3：紫褐色
94	244	1 年生枝扭曲	M	1：是　2：否
95	245	1 年生枝下垂	M	1：是　2：否
96	246	2～3 年生小枝颜色	M	1：青绿色　2：灰褐色　3：红绿色　4：棕色
97	247	叶形	M	1：披针形　2：长卵形　3：卵形　4：卵圆形 5：倒卵形　6：椭圆形　7：阔椭圆形
98	248	幼叶颜色	M	1：黄色　2：黄绿色　3：绿色　4：红褐色
99	249	秋叶颜色	M	1：绿色　2：紫红色　3：黄褐色　4：红褐色
100	250	成熟叶颜色	M	1：墨绿色　2：绿色　3：黄色　4：红褐色
101	251	叶片质地	M	1：纸质　2：厚纸质　3：革质
102	252	叶片光泽	M	1：无　2：有
103	253	叶长	M	cm
104	254	叶宽	M	cm
105	255	叶柄长	M	cm
106	256	叶柄被毛	M	1：无　2：稀疏　3：较密
107	257	托叶长	M	cm
108	258	托叶宽	M	cm
109	259	托叶形状	M	1：披针形　2：卵形
110	260	叶面被毛	M	1：无　2：稀疏　3：密

（续）

序号	代号	描述符	描述符性质	单位或代码
111	261	叶背被毛	M	1：无　2：稀疏　3：密
112	262	叶片基部偏斜程度	M	1：不偏斜　2：轻度　3：中度　4：重度
113	263	叶尖形状	M	1：渐尖　2：尾尖　3：锐尖　4：突尖　5：钝尖　6：凹缺
114	264	叶片最宽处位置	M	1：中部以上　2：中部　3：中部以下
115	265	叶缘锯齿类型	M	1：单锯齿　2：重锯齿
116	266	叶缘锯齿深度	M	1：浅　2：较深　3：深
117	267	锯齿先端形状	M	1：尖　2：钝
118	268	侧脉对数	M	对
119	269	侧脉末端状态	M	1：交叉　2：不交叉
120	270	叶片边缘是否平展	M	1：是　2：否
121	271	单叶鲜重	O	g
122	272	单叶干重	O	g
123	273	叶片相对含水量	O	%
124	274	花被片形状	M	1：圆形　2：卵圆形　3：长卵形
125	275	花被是否被毛	M	1：是　2：否
126	276	花药颜色	M	1：淡黄色　2：深黄色
127	277	花被片颜色	M	1：紫褐色　2：灰褐色　3：灰白色
128	278	花丝是否高出柱头	M	1：是　2：否
129	279	翅果形状	M	1：圆形　2：扁圆形　3：椭圆形　4：倒卵形
130	280	翅果被毛	M	1：无　2：有
131	281	翅果长	M	cm
132	282	翅果宽	M	cm
133	283	果柄长	M	cm
134	284	果柄毛	M	1：无　2：有
135	285	果实先端闭合	M	1：是　2：否
136	286	种子形状	M	1：圆形　2：扁圆形
137	287	种子位置	M	1：中部　2：中部以上
138	288	繁殖特性	M	1：实生　2：嫁接　3：嫩枝扦插　4：硬枝扦插　5：压条　6：根插　7：组织培养　8：分株　9：其他
139	289	分枝能力	M	1：低　2：中等　3：强
140	290	结实能力	M	1：低　2：中等　3：强

（续）

序号	代号	描述符	描述符性质	单位或代码
141	291	萌芽期	M	月　日
142	292	始花期	M	月　日
143	293	盛花期	M	月　日
144	294	末花期	M	月　日
145	295	果实成熟期	M	月　日
146	296	落叶期	M	月　日
147	297	生长期	M	d
148	301	翅果含油量	O	%
149	302	木材基本密度	C/品种	g/cm^3
150	303	木材纤维长度	C/品种	mm
151	304	木材纤维宽度	C/品种	μm
152	305	木材纤维长宽比	C/品种	
153	306	木材纤维含量	C/品种	%
154	307	木材造纸得率	C/品种	%
155	308	木材顺压强度	C/品种	1：高　2：较高　3：中　4：较低　5：低
156	309	木材抗弯强度	C/品种	1：高　2：较高　3：中　4：较低　5：低
157	310	木材干缩系数	C/品种	
158	311	木材弹性模量	C/品种	
159	312	木材硬度	C/品种	1：硬　2：中　3：软
160	313	木材冲击韧性	C/品种	1：强　2：中　3：差
161	401	耐寒性	M	1：极强　2：强　3：中　4：弱　5：极弱
162	402	抗涝性	M	1：极强　2：强　3：中　4：弱　5：极弱
163	501	榆紫叶甲虫虫害抗性	M	1：高抗　2：抗病　3：中抗　4：感病　5：高感
164	502	黑绒金龟子虫害抗性	M	1：高抗　2：抗病　3：中抗　4：感病　5：高感
165	503	榆天社蛾虫害抗性	M	1：高抗　2：抗病　3：中抗　4：感病　5：高感
166	504	榆毒蛾虫害抗性	M	1：高抗　2：抗病　3：中抗　4：感病　5：高感
167	601	花粉粒	O	
168	602	指纹图谱与分子标记	O	
169	603	核型	O	
170	604	备注	O	

白榆种质资源描述规范 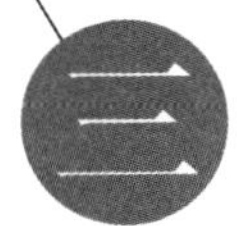

1 范围

本规范规定了白榆种质资源的描述符及其分级标准。

本规范适用于白榆种质资源的收集、整理和保存，数据标准和数据质量控制规范的制定以及数据库和信息共享网络系统的建立。

2 规范性引用文件

下列文件中的条款通过本规范的引用而成为本规范的条款。凡是注日期的引用文件，其随后所有的修改单(不包括勘误的内容)或修订版均不适用于本规范，然而，鼓励根据本规范达成协议的各方研究是否可使用这些文件的最新版本。凡是不注日期的引用文件，其最新版适用于规范。

GB/T 2260—2007 中华人民共和国行政区划代码表

GB/T 2259—2000 世界各国和地区名称代码

GB/T 12404 单位隶属关系代码

GB/T 14072—1993 林木种质资源保存原则与方法

LY/T 2192—2013 林木种质资源共性描述规范

3 术语和定义

3.1 白榆

白榆(*Ulmus pumila* L.)为榆科(Ulmaceae)榆属(*Ulmus* L.)落叶乔木，阳

性树种，喜光、耐旱、耐寒、耐瘠薄，不择土壤，适应性很强。根系发达，抗风力、保土力强。萌芽力强，耐修剪。生长快，寿命长。耐干冷气候及中度盐碱，但不耐水湿。具抗污染性，叶面滞尘能力强。

3.2 白榆种质资源

白榆种、变种、品种等。

3.3 基本信息

白榆种质资源基本情况描述信息，包括资源编号、种质名称、学名、原产地、种质类型等。

3.4 形态特征和生物学特性

白榆种质资源的植物学形态、产量和物候期性状等特征特性。

3.5 品质特性

白榆种质老果中油的含量，植物体甾醇类及鞣质、树胶的含量。

3.6 抗逆性

白榆种质资源对各种非生物胁迫的适应或抵抗能力，包括耐寒性和耐涝性。

3.7 抗病虫性

白榆种质资源对各种生物胁迫的适应或抵抗能力，包括榆紫金花虫虫害、黑绒金龟子虫害、榆天社蛾虫害以及榆毒蛾虫害等。

3.8 白榆的年发育周期

白榆在1年中随外界环境条件的变化而表现出一系列的生理和形态变化，并呈现一定的生长发育规律性。这种随着气候而变化的生命活动过程，称为年发育周期。白榆的年发育周期可分为营养生长期和生殖生长期，营养生长期包括萌芽期和展叶期。有5%的芽萌发，并开始露出幼叶为萌芽期，5%的幼叶展开为展叶期。生殖生长期包括始花期、盛花期、末花期和果实成熟期。5%的花全部开放为始花期，25%的花全部开放为盛花期，75%的花全部开放为末花期。25%的果实成熟、呈现出该品种固有的大小、性状和颜色等为果实成熟期。

4 基本信息

4.1 资源流水号

白榆种质资源进入数据库自动生成的编号。

4.2 资源编号

白榆种质资源的全国统一编号。由15位符号组成，即树种代码(5位) +

保存地代码(6 位) + 顺序号(4 位)。

——树种代码：采用树种学名(拉丁名)的属名前 2 位字母 + 种名前 3 位字母组成，即 ULPUM；

——保存地代码：是指资源保存地所在县级行政区域的代码，按照 GB/T 2260—2007 的规定执行；

——顺序号：该类资源在保存库中的顺序号。

4.3 种质名称

每份白榆种质资源的中文名称。

4.4 外文名

国外引进白榆种质的外文名，国内种质资源不填写。

4.5 科中文名

榆科

4.6 科拉丁名

Ulmaceae

4.7 属中文名

榆属

4.8 属拉丁名

Ulmus L.

4.9 种名或亚种名

白榆

4.10 种拉丁名

Ulmus pumila L.

4.11 原产地

国内白榆种质资源的原产县、乡、村、林场名称。依照 GB/T 2260—2007 的要求，填写原产县、自治县、县级市、市辖区、旗、自治旗、林区的名称以及具体的乡、村、林场等名称。

4.12 省(自治区、直辖市)

国内白榆种质资源原产省份，依照 GB/T 2260—2007 的要求，填写原产省、直辖市和自治区的名称；国外引种白榆种质资源原产国家(或地区)一级行政区的名称。

4.13 国家

白榆种质资源的原产国家或地区的名称，依照 GB/T 2259—2000 中的规范名称填写。

4.14 来源地

国外引进的白榆种质资源的来源国家名称、地区名称或国际组织名称；

国内白榆种质资源的来源省、县名称。

4.15 归类编码

采用国家自然科技资源共享平台编制的《自然科技资源共性描述规范》(中国科学技术出版社，2006)，依据其中“植物种质资源分级归类与编码表”中林木部分进行编码(11 位)。不能归并到末级的资源，可以归到上一级，后面补齐 000。白榆的归类编码是 11131117143。

4.16 资源类型

白榆种质资源的类型。

1 野生资源(群体、种源)
2 野生资源(家系)
3 野生资源(个体、基因型)
4 地方品种
5 选育品种
6 遗传材料
7 其他

4.17 主要特征

白榆种质资源的主要特性。

1 高产
2 优质
3 抗病
4 抗虫
5 抗逆
6 其他

4.18 主要用途

白榆种质资源的主要用途。

1 材用
2 食用
3 药用
4 防护
5 观赏
6 其他

4.19 气候带

白榆种质资源原产地所属气候带。

1 热带

2　亚热带

3　温带

4　寒带

4.20　生长习性

描述白榆在长期自然选择中表现的生长、适应或喜好。

1　喜光

2　耐盐碱

3　喜水肥

4　耐干旱

4.21　开花结实特性

白榆种质资源开花和结实周期。

4.22　特征特性

白榆种质资源可识别或独特性的形态、特性。

4.23　具体用途

白榆种质资源具有的特殊价值和用途。

4.24　观测地点

白榆种质资源形态、特性观测和测定的地点。

4.25　繁殖方式

白榆种质资源的繁殖方式。

1　有性繁殖(种子繁殖)

2　有性繁殖(胎生繁殖)

3　无性繁殖(扦插繁殖)

4　无性繁殖(嫁接繁殖)

5　无性繁殖(根繁)

6　无性繁殖(分蘖繁殖)

4.26　选育(采集)单位

选育白榆品种的单位或个人(野生资源的采集单位或个人)。

4.27　育成年份

白榆品种育成的年份。

4.28　海拔

白榆种质原产地的海拔高度，单位为 m。

4.29　经度

白榆种质原产地的经度，格式为 DDDFFMM，其中 DDD 为度，FF 为分，MM 为秒。东经以正数表示，西经以负数表示。

4.30 纬度

白榆种质原产地的纬度，格式为 DDFFMM，其中 DD 为度，FF 为分，MM 为秒。北纬以正数表示，南纬以负数表示。

4.31 土壤类型

白榆种质资源原产地的土壤条件，包括土壤质地、土壤名称、土壤酸碱度或性质等。

4.32 生态环境

白榆种质资源原产地的自然生态系统类型。

4.33 年均温度

白榆种质资源原产地的年平均温度，通常用当地最近气象台近 30～50 年的年均温度(℃)。

4.34 年均降水量

白榆种质资源原产地的年均降水量，通常用当地最近气象台近 30～50 年的年均降水量(mm)。

4.35 图像

白榆种质资源的图像信息，图像格式为 .jpg。

4.36 记录地址

提供白榆种质资源详细信息的网址或数据库记录链接。

4.37 保存单位

白榆种质资源的保存单位名称(全称)。

4.38 单位编号

白榆种质资源在保存单位中的编号。

4.39 库编号

白榆种质资源在种质资源库或圃中的编号。

4.40 引种号

白榆种质资源从国外引入时的编号。

4.41 采集号

白榆种质资源在野外采集时的编号。

4.42 保存时间

白榆种质资源被收藏单位收藏或保存的时间，以“年月日”表示，格式为“YYYYMMDD”。

4.43 保存材料类型

保存的白榆种质材料的类型。

1 植株

2 种子

3 营养器官(穗条、根穗等)

4 花粉

5 培养物(组培材料)

6 其他

4.44 保存方式

白榆种质资源保存的方式。

1 原地保存

2 异地保存

3 设施(低温库)保存

4.45 实物状态

白榆种质资源实物的状态。

1 良好

2 中等

3 较差

4 缺失

4.46 共享方式

白榆种质资源实物的共享方式。

1 公益性

2 公益借用

3 合作研究

4 知识产权交易

5 资源纯交易

6 资源租赁

7 资源交换

8 收藏地共享

9 行政许可

10 不共享

4.47 获取途径

获取白榆种质资源实物的途径。

1 邮递

2 现场获取

3 网上订购

4 其他

4.48 联系方式

获取白榆种质资源的联系方式。包括联系人、单位、邮编、电话、

E-mail等。

4.49 源数据主键

链接白榆种质资源特性或详细信息的主键值。

4.50 关联项目及编号

白榆种质资源收集、选育或整合的依托项目及编号。

5 形态特征和生物学特性

5.1 生活型

植株长期适应生境条件，在形态上表现出来的生长类型。

1 小乔木

2 大乔木

3 灌木

5.2 树姿

成年树在自然生长条件下，枝条的生长方向、发枝角度等。

1 直立

2 开张

5.3 树冠形状

依据成年树主枝基角的开张角度、树体高度和枝条的生长方向等表现出的树冠形态(图1)。

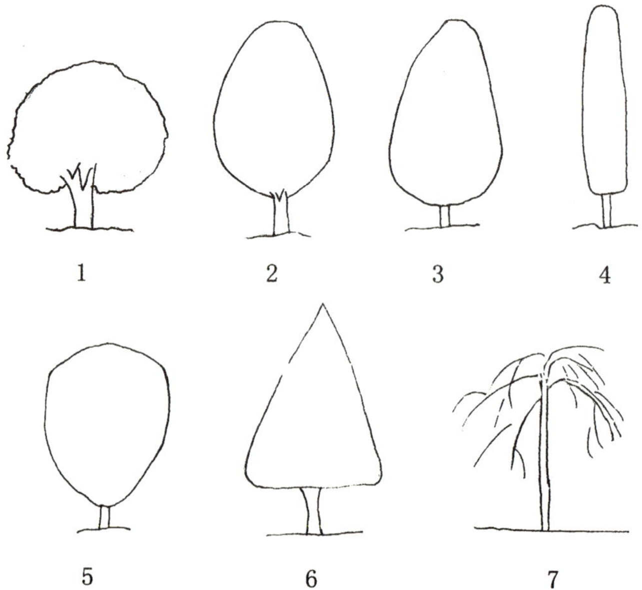

图1 树冠形状

1 球形
2 卵形
3 长卵形
4 圆柱形
5 倒卵形
6 圆锥形
7 垂枝形

5.4 生长势

成年树在正常条件下植株所表现出的强弱程度，反映在新梢生长的长度、粗度和叶片的大小等。

1 强
2 中
3 弱

5.5 树高

成年树从地面根基部到树梢最高处之间的距离，单位为 m。

5.6 冠幅

成年树树冠南北或者东西方向宽度的平均值，单位为 m。

5.7 冠体积

成年树树冠体积大小，单位为 m^3。

5.8 树冠圆满度

成年树树木冠幅与树冠长度的比值，单位为%。

5.9 树干尖削度

成年树从根部向上每生长 1 m 时直径的减少量，单位为 cm。

5.10 主干类型

成年树主干所表现出的形态类型。

1 直干型
2 弯干型

5.11 树冠内主干是否明显

成年树主干在树冠内是否明显(图 2)。

1 是
2 否

图 2　树冠内主干是否明显

5.12　胸径

成年树在距离树木基部 1.3 m 处的树干直径，单位为 cm。

5.13　主干高

成年树从树木基部到主干分支点处的距离，单位为 m。

5.14　主干材积

成年树主干部分能够利用的木材体积，单位为 m^3。

5.15　胸高形数

成年树树干材积与比较圆柱体的比值，比较圆柱体是以胸高断面作为横断面计算的，以% 表示。

5.16　主干弯数

成年树主干弯曲数量，单位为个。

5.17　主干通直度

成年树树木主干所表现出的通直或弯曲程度(图 3)。

1　直

2　稍弯

3　弯

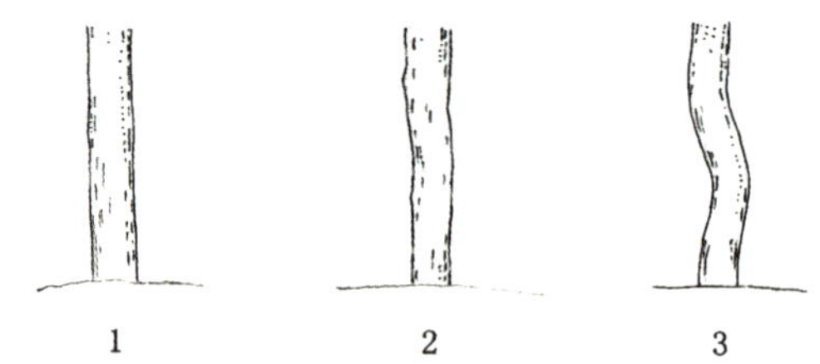

图 3　主干通直度

5.18　竞争枝数

成年树主干以上竞争枝的数量，单位为个。

5.19 竞争枝角度

成年树树木竞争枝与主干之间的夹角大小，单位为°。

5.20 枝干比

成年树树木主枝与主干的比值，以%表示。

5.21 幼树树皮颜色

幼树树皮表现出的颜色。

1 灰绿色

2 灰白色

3 灰褐色

5.22 幼树皮孔颜色

幼树树皮上皮孔所表现出的颜色。

1 褐色

2 棕色

5.23 幼树皮孔排列

幼树树皮上皮孔排列的方式(图4)。

1 横

2 竖

3 横竖兼有

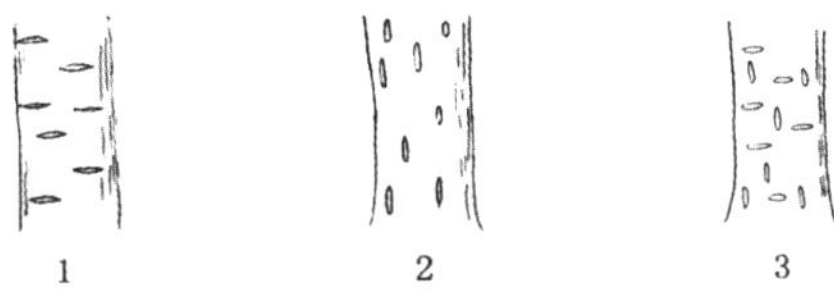

图4 幼树皮孔排列

5.24 幼树皮孔密度

幼树树皮上皮孔的密集程度。

1 密

2 中

3 稀

5.25 树皮颜色

成年树树皮表现出的颜色。

1 青绿色

2 灰白色

3 灰褐色

4　黄褐色

5　红褐色

5.26　树皮开裂形式

成年树树皮开裂所表现出的程度。

1　不开裂

2　浅裂

3　中裂

4　深裂

5.27　树皮开裂方向

成年树树皮开裂所表现出的方向。

1　纵裂

2　横裂

3　纵横裂兼有

5.28　树皮剥落

成年树树皮是否剥落。

1　是

2　否

5.29　树皮开裂是否规则

成年树树干开裂表现出的形态是否规则。

1　是

2　否

5.30　树干皮孔

成年树树干上是否有皮孔及可见度。

1　清新可见

2　隐约可见

3　无

5.31　枝条伸展姿态

成年树树冠内枝条生长方向以及伸展所表现出的姿态(图5)。

1　直立

2　斜展

3　平展

4　下垂

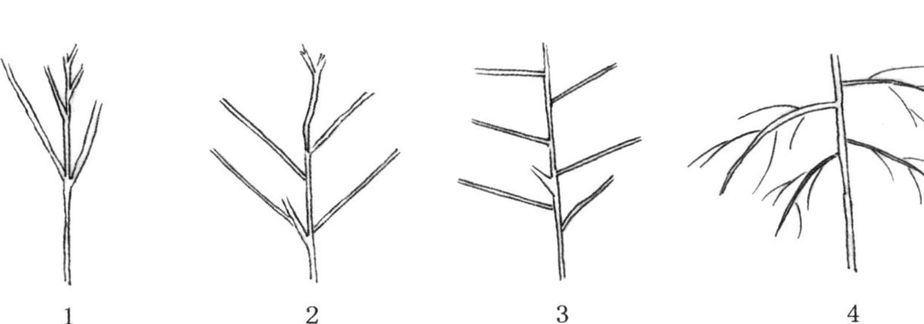

图5　枝条伸展姿态

5.32　枝条木栓翅

成年树枝条上是否有木栓翅。

1　有

2　无

5.33　枝条密度

成年树树冠内枝条交错所表现出的密度大小。

1　密集

2　中等

3　稀疏

5.34　枝下高

白榆植株第一次分枝以下主干部分的高度，单位为 m。

5.35　自然整枝

自然状态下，白榆幼树郁闭后，处于树冠基部的枝条因光照不足逐渐枯落的现象。

1　差

2　较差

3　中等

4　较好

5　好

5.36　分枝角度

白榆植株 1、2 级大枝间的夹角，单位为°。

5.37　分枝粗度

成年树主枝的粗度，单位为 cm。

5.38　一级侧枝数

成年树一级侧枝的数量，单位为个。

5.39 冬芽形状

冬季树木的芽所表现出的形态(图6)。

1 圆锥形

2 卵形

3 圆形

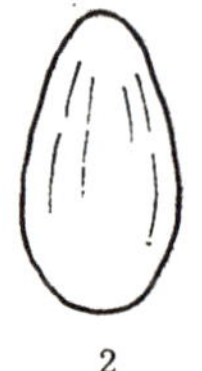

1 2 3

图6 冬芽形状

5.40 幼枝被毛

成年树新发枝条上被毛的情况。

1 无

2 稀疏

3 较密

5.41 1年生枝被毛

成年树1年生枝条上被毛的情况。

1 无

2 稀疏

3 较密

5.42 幼枝颜色

成年树新发枝条的表皮颜色。

1 淡绿色

2 绿色

3 黄绿色

4 黄色

5.43 1年生枝颜色

成年树1年生枝条表皮的颜色。

1 青绿色

2 灰白色

3 紫褐色

5.44 1年生枝扭曲

成年树1年生枝条是否发生扭曲。

1 是

2 否

5.45 1 年生枝下垂

成年树 1 年生枝条是否发生下垂。

1 是

2 否

5.46 2 ~3 年生小枝颜色

成年树 2 ~3 年生小枝表皮的颜色。

1 青绿色

2 灰褐色

3 红绿色

4 棕色

5.47 叶形

成年树成熟叶片所表现出的形态(图 7)。

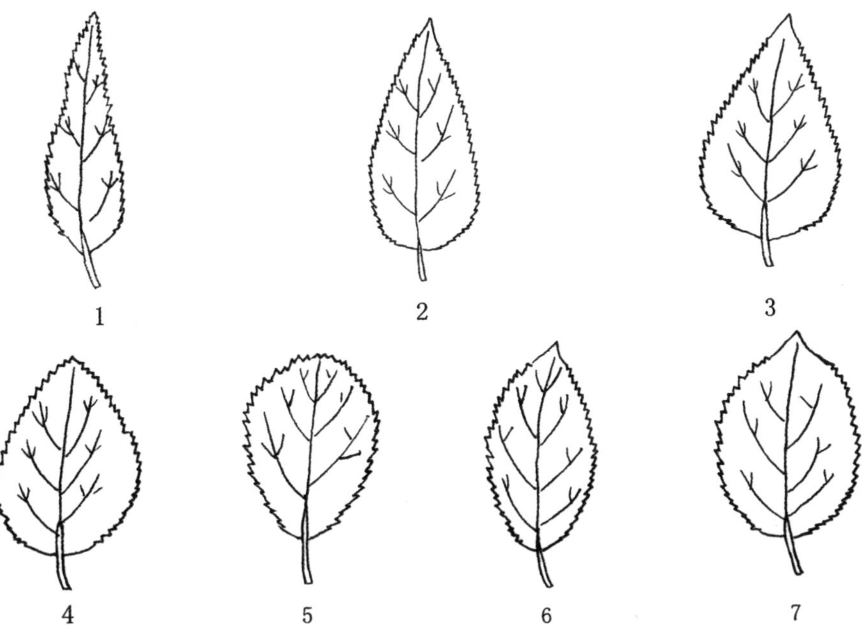

图 7 叶形

1 披针形

2 长卵形

3 卵形

4 卵圆形

5 倒卵形
6 椭圆形
7 阔椭圆形

5.48 幼叶颜色

成年树幼叶上表面的颜色。

1 黄色
2 黄绿色
3 绿色
4 红褐色

5.49 秋叶颜色

成年树秋季成熟叶的颜色。

1 绿色
2 紫红色
3 黄褐色
4 红褐色

5.50 成熟叶颜色

成年树夏季成熟叶的颜色。

1 墨绿色
2 绿色
3 黄色
4 红褐色

5.51 叶片质地

成熟叶片所表现出的质地状况。

1 纸质
2 厚纸质
3 革质

5.52 叶片光泽

成熟叶片在阳光照射的情况下是否具有光泽。

1 无
2 有

5.53 叶长

成熟叶片基部与叶尖之间的最大长度，单位为 cm。

5.54 叶宽

成熟叶片最宽处的长度，单位为 cm。

5.55 叶柄长

成熟叶柄的长度，单位为 cm。

5.56 叶柄被毛

成熟叶柄被毛的情况。

1 无

2 稀疏

3 较密

5.57 托叶长

成年树当年生枝条上托叶的长度，单位为 cm。

5.58 托叶宽

成年树当年生枝条上托叶的宽度，单位为 cm。

5.59 托叶形状

成年树当年生枝条上托叶的形状。

1 披针形

2 卵形

5.60 叶面被毛

成熟叶片表面被毛状况。

1 无

2 稀疏

3 密

5.61 叶背被毛

成熟叶片背面被毛状况。

1 无

2 稀疏

3 密

5.62 叶片基部偏斜程度

成熟叶片基部主脉两侧是否发生偏斜及偏斜的程度。

1 不偏斜

2 轻度

3 中度

4 重度

5.63 叶尖形状

成熟叶片先端叶尖的形状(图 8)。

1 渐尖

2　尾尖

3　锐尖

4　突尖

5　钝尖

6　凹缺

图 8　叶尖形状

5.64　叶片最宽处位置

成熟叶片最宽处所处叶片的位置。

1　中部以上

2　中部

3　中部以下

5.65　叶缘锯齿类型

成熟叶片边缘锯齿的类型(图 9)。

1　单锯齿

2　重锯齿

图 9　叶缘锯齿类型

5.66 叶缘锯齿深度

成熟叶缘上锯齿的深浅。

1 浅

2 较深

3 深

5.67 锯齿先端形状

成熟叶缘锯齿先端表现出的状态(图 10)。

1 尖

2 钝

1　　2

图 10　锯齿先端形状

5.68 侧脉对数

成熟叶片侧脉的对数，单位为对。

5.69 侧脉末端状态

成熟叶片侧脉末端的分布情况(图 11)。

1 交叉

2 不交叉

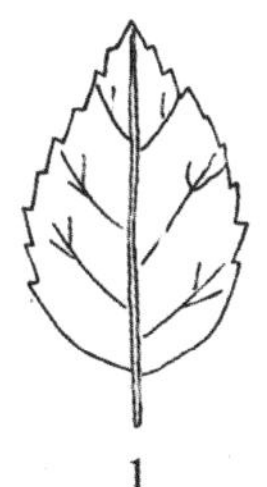

1　　2

图 11　侧脉末端状态

5.70 叶片边缘是否平展

成熟叶片边缘是否平展。

1 是

2 否

5.71 单叶鲜重

采集后立刻测出的单个叶片的重量，单位为 g。

5.72 单叶干重

采集经烘干后测出的单个叶片的重量，单位为 g。

5.73 叶片相对含水量

成熟叶片组织含水量占饱和含水量的百分数，以%表示。

5.74 花被片形状

盛花期花朵花被片的形状(图 12)。

1 圆形

2 卵圆形

3 长卵形

1

2

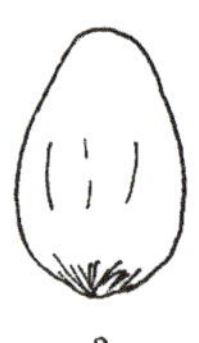
3

图 12 花被片形状

5.75 花被片被毛

盛花期花朵花被片上是否被毛。

1 是

2 否

5.76 花药颜色

盛花期花朵中花药的颜色。

1 淡黄色

2 深黄色

5.77 花被片颜色

盛花期花朵花被片的颜色。

1 紫褐色

2 灰褐色

3 灰白色

5.78 花丝是否高出柱头

盛花期花朵内花丝是否高出柱头。

1 是

2 否

5.79 翅果形状

成熟翅果的形状(图 13)。

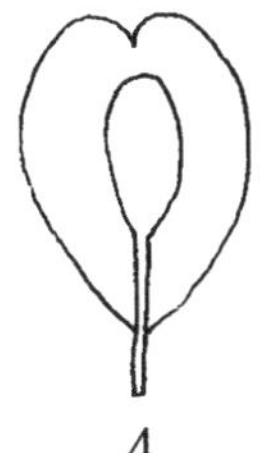

图 13 翅果形状

1 圆形

2 扁圆形

3 椭圆形

4 倒卵形

5.80 翅果是否被毛

成熟翅果上是否被毛。

1 无

2 有

5.81 翅果长

成熟翅果的长度，单位为 cm。

5.82 翅果宽

成熟翅果的宽度，单位为 cm。

5.83 果柄长

成熟翅果果柄的长度，单位为 cm。

5.84 果柄是否被毛

成熟翅果上果柄是否被毛。

1 无

2 有

5.85 果实先端闭合

成熟翅果先端是否闭合(图 14)。

1 是

2 否

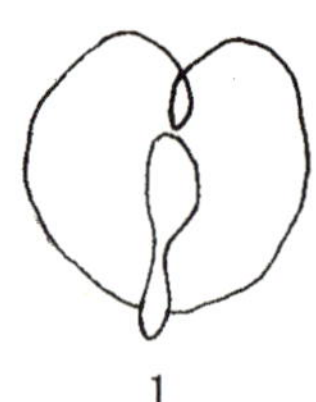
1

2

图 14　果实先端

5.86　种子形状

成熟翅果内种子的形状(图 15)。

1　圆形

2　扁圆形

1

2

图 15　种子形状

5.87　种子位置

种子在成熟翅果中的位置(图 16)。

1　中部

2　中部以上

1

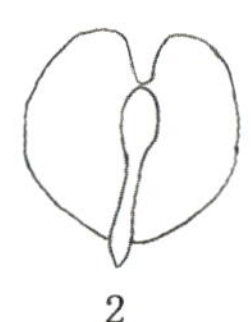
2

图 16　种子位置

5.88　繁殖特性

白榆的繁殖特性。

1　实生

2　嫁接

3　嫩枝扦插

4　硬枝扦插

5　压条

6　根插

7 组织培养

8 分株

9 其他

5.89 分枝能力

白榆生长过程中分枝的能力。

1 低

2 中等

3 强

5.90 结实能力

树木果期结实的能力。

1 低

2 中等

3 强

5.91 萌芽期

全树5%的叶芽鳞片裂开、顶端露绿的日期。以"月日"表示。

5.92 始花期

全树5%的花完全开放的日期，以"月日"表示。

5.93 盛花期

全树25%的花完全开放的日期，以"月日"表示。

5.94 末花期

全树75%的花开放的日期，以"月日"表示。

5.95 果实成熟期

全树25%的果实成熟的日期，其大小、性状、颜色等表现出该品种固有的性状。以"月日"表示。

5.96 落叶期

植株全树25%的叶片自然脱落的日期。以"月日"表示。

5.97 生长期

计算萌芽期至落叶期的天数，单位为d。

6 品质特性

6.1 翅果含油量

白榆翅果油的含量，以%表示。

6.2 木材基本密度

白榆属植株木材全干材重量除以饱和水分时木材的体积为木材基本密度，

单位为 g/cm^3。

6.3 木材纤维长度

白榆植株木材纤维的长度，单位为 mm。

6.4 木材纤维宽度

白榆植株木材纤维的宽度，单位为 μm。

6.5 木材纤维长宽比

白榆植株木材纤维的长度和宽度的比值。

6.6 木材纤维含量

白榆植株木材纤维的含量，以% 表示。

6.7 植株木材造纸得率

白榆植株木材用于造纸的得率，单位为% 。

6.8 木材顺压强度

白榆植株木材顺纹抗压的强度，单位为 MPa。

1 高
2 较高
3 中
4 较低
5 低

6.9 木材抗弯强度

白榆植株木材抵抗弯曲不断裂的能力，单位为 MPa。

1 高
2 较高
3 中
4 较低
5 低

6.10 木材干缩系数

白榆植株木材的体积干缩系数，即：木材干燥时体积收缩率与纤维饱和点之比值。

6.11 木材弹性模量

白榆植株木材在弹性变形阶段，其应力与应变的比例系数。

6.12 木材硬度

白榆植株木材的硬度。

1 硬
2 中

3 软

6.13 木材冲击韧性

白榆植株木材抵抗冲击荷载的能力。

1 强

2 中

3 差

7 抗逆性

7.1 耐寒性

白榆种质忍受低温的能力。

1 极强

2 强

3 中

4 弱

5 极弱

7.2 抗涝性

白榆种质忍受多湿水涝的能力。

1 极强

2 强

3 中

4 弱

5 极弱

8 抗病虫性

8.1 榆紫叶甲虫虫害抗性

白榆种质对榆紫叶甲虫虫害的抗性强弱。

1 高抗(HR)

2 抗病(R)

3 中抗(MR)

4 感病(S)

5 高感(HS)

8.2 黑绒金龟子虫害抗性

白榆种质对黑绒金龟子虫害的抗性强弱。

1 高抗(HR)
2 抗病(R)
3 中抗(MR)
4 感病(S)
5 高感(HS)

8.3 榆天社蛾虫害抗性

白榆种质对榆天社蛾虫害抗性的抗性强弱。

1 高抗(HR)
2 抗病(R)
3 中抗(MR)
4 感病(S)
5 高感(HS)

8.4 榆毒蛾虫害抗性

白榆种质对榆毒蛾虫害抗性的抗性强弱。

1 高抗(HR)
2 抗病(R)
3 中抗(MR)
4 感病(S)
5 高感(HS)

9 其他特征特性

9.1 花粉粒

白榆种质花粉粒的形状、大小和外壁纹饰形态。

9.2 指纹图谱与分子标记

白榆种质指纹图谱和重要性状的分子标记类型及其特征参数。

9.3 核型

表示染色体的数目、大小、形状和结构特征的公式。

9.4 备注

白榆种质特殊描述符或特殊代码的具体说明。

四 白榆种质资源数据标准

序号	代号	描述符	字段英文名	字段类型	字段长度	字段小数位	单位	代码	代码英文名	样例
1	101	资源流水号	Running number	C	20					1111C0003601000001
2	102	资源编号	Resource number	C	20					ULPUM3601000001
3	103	种质名称	Accession name	C	30					山东金乡 1 #
4	104	种质外文名	Alien name	C	40					NO. 1 of Shandong-Jinxiang
5	105	科中文名	Family name	C	10					榆科
6	106	科拉丁名	Latin name of family	C	30					Ulmaceae
7	107	属中文名	Genus name	C	40					榆属
8	108	属拉丁名	Latin name of genus	C	30					*Ulmus*
9	109	种名或亚种名	Species or subspecies	C	50					白榆
10	110	种拉丁名	Latin name of species	C	30					*Ulmus pumila* L.
11	111	原产地	Origin	C	20					济宁市
12	112	省（自治区、直辖市）	Province of origin	C	20					山东
13	113	国家	Country of origin	C	20					中国

（续）

序号	代号	描述符	字段英文名	字段类型	字段长度	字段小数位	单位	代码	代码英文名	样例
14	114	来源地	Sample source	C	40					山东济宁
15	115	归类编码	Classification number	C	20					11131115101
16	116	资源类型	Biological status of accession	C	20			1:野生资源(群体、种源) 2:野生资源(家系) 3:野生资源(个体、基因型) 4:地方品种 5:选育品种 6:遗传材料 7:其他	1: Wild resource (population, provenance) 2:Wild resource(family) 3:Wild resource(individual, genotype) 4:Local varieties 5:Breeding varieties 6:Genetic material 7:Others	地方品种
17	117	主要特性	Key property	C	40			1:高产 2:优质 3:抗病 4:抗虫 5:抗逆 6:高效 7:其他	1:High yield 2:High quality 3:Disease-resistant 4:Insect-resistant 5:Anti-adversity 6:High active 7:Others	优质
18	118	主要用途	Main use	C	40			1:材用 2:食用 3:药用 4:防护 5:观赏 6:其他	1:Timber-used 2:Edible 3:Officinal 4:Protection 5:Ornamental 6:Others	材用
19	119	气候带	Climate zone	C	20			1:热带 2:亚热带 3:温带 4:寒带	1:Tropics 2:Subtropics 3:Temperate zone 4:Frigid zone	温带

（续）

序号	代号	描述符	字段英文名	字段类型	字段长度	字段小数位	单位	代码	代码英文名	样例
20	120	生长习性	Growth habit	C	50			1:喜光 2:耐盐碱 3:喜水肥 4:耐干旱	1:Light favoured 2:Salinity 3:Water-liking 4:Drought-resistant	喜光
21	121	开花结实特性	Characteristics of flowering and fruiting	C	100					大小年不明显
22	122	特征特性	Characteristics	C	100					垂枝
23	123	具体用途	Specific use	C	40					材用
24	124	观测地点	Observation location	C	20					山东金乡
25	125	繁殖方式	Means of reproduction	C	50			1:有性繁殖(种子繁殖) 2:有性繁殖(胎生繁殖) 3:无性繁殖(扦插繁殖) 4:无性繁殖(嫁接繁殖) 5:无性繁殖(根繁) 6:无性繁殖(分蘖繁殖)	1:Sexual propagation (Seed reproduction) 2:Sexual propagation (Viviparous reproduction) 3:Asexual reproduction (Cutting propagation) 4:Asexual reproduction (Grafting propagation) 5:Asexual reproduction (Root) 6:Asexual reproduction (Tillering propagation)	有性繁殖(种子繁殖)
26	126	选育单位	Breeding institute	C	40					山东省金乡县白洼林场国家白榆良种基地
27	127	育成年份	Releasing year	N	4	0				2015
28	128	海拔	Altitude	N	5	0	m			30
29	129	经度	Longitude	N	8	0				1161655

（续）

序号	代号	描述符	字段英文名	字段类型	字段长度	字段小数位	单位	代码	代码英文名	样例
30	130	纬度	Latitude	N	7	0				350112
31	131	土壤类型	Soil type	C	10					砂壤土
32	132	生态环境	Ecological environment	C	20					农田生态系统
33	133	年均温度	Average annual temperature	N	6	1	℃			13. 8
34	134	年均降水量	Average annual precipitation	N	6	0	mm			709
35	135	图像	Image file name	C	30					1111C0003601000001-1. jpg
36	136	记录地址	Record address	C	30					
37	137	保存单位	Conservation institute	C	50					山东省金乡县白洼林场国家白榆良种基地
38	138	单位编号	Conservation institute number	C	10					1
39	139	库编号	Base number	C	10					1
40	140	引种号	Introduction number	C	10					20150011
41	141	采集号	Collection number	C	10					2015360011
42	142	保存时间	Conservation time	D	8					2015
43	143	保存材料类型	Donor material type	C	10			1：植株 2：种子 3：营养器官（穗条等） 4：花粉 5：培养物（组培材料） 6：其他	1：Plant 2：Seed 3：Vegetative organ（Scion, root tuber, Root whip） 4：Pollen 5：Culture（Tissue culture material） 6：Other	植株

（续）

序号	代号	描述符	字段英文名	字段类型	字段长度	字段小数位	单位	代码	代码英文名	样例
44	144	保存方式	Conservation mode	C	10			1:原地保存 2:异地保存 3:设施（低温库）保存	1:In situ conservation 2:Ex situ conservation 3:Low temperature preservation	原地保存
45	145	实物状态	Physical state	C	4			1:良好 2:中等 3:较差 4:缺失	1:Good 2:Medium 3:Poor 4:Defect	良好
46	146	共享方式	Sharing methods	C	20			1:公益性 2:公益借用 3:合作研究 4:知识产权交易 5:资源纯交易 6:资源租赁 7:资源交换 8:收藏地共享 9:行政许可 10:不共享	1:Public interest 2:Public borrowing 3:Cooperative research 4:Intellectual property rights transaction 5:Pure resources transaction 6:Resource rent 7:Resourcedischange 8:Collection local share 9:Administrative license 10:Not share	公益
47	147	获取途径	Obtain way	C	10			1:邮递 2:现场获取 3:网上订购 4:其他	1:Post 2:Captured in the field 3:Online ordering 4:Other	现场获取
48	148	联系方式	Contact way	C	40					
49	149	源数据主键	Key words of source data	C	30					
50	150	关联项目及编号	Related project	C	50					

(续)

序号	代号	描述符	字段英文名	字段类型	字段长度	字段小数位	单位	代码	代码英文名	样例
51	201	生活型	Life form	C	10			1:小乔木 2:大乔木 3:灌木	1:Small arbor 2:Big arbor 3:Shrub	小乔木
52	202	树姿	Tree form	C	6			1:直立 2:开张	1:Upright 2:Open	直立
53	203	树冠形状	Crown shape	C	6			1:球形 2:卵形 3:长卵形 4:圆柱形 5:倒卵形 6:圆锥形 7:垂枝形	1:Globe 2:Oval 3:Long ovate 4:Cylindrical 5:Obovate 6:Conical 7:Pendulous	球形
54	204	生长势	Tree vigor	C	2			1:弱 2:中 3:强	1:Weak 2:Intermediate 3:Strong	强
55	205	树高	Height	N	4	1	m			13.5
56	207	冠幅	Crown breadth	N	4	1	m			8.3
57	207	冠体积	Crown volume	N	4	1	m^3			30.1
58	208	树冠圆满度	Crown-fullness ratio	N	4	1	%			30.2
59	209	树干尖削度	Trunk taper	N	4	1	cm			6.5
60	210	主干类型	Trunk type	C	6			1:直干型 2:弯干型	1:Straight type 2:Curved type	直干型
61	211	树冠内主干是否明显	Trunk obvious or not inside crown	C	2			1:是 2:否	1:Yes 2:No	是

（续）

序号	代号	描述符	字段英文名	字段类型	字段长度	字段小数位	单位	代码	代码英文名	样例
62	212	胸径	DHB	N	4	1	cm			15.9
63	213	主干高	Main trunk height	N	4	1	m			7.9
64	214	主干材积	Main trunk volume	N	4	2	m^3			0.18
65	215	胸高形数	Breast height form	N	4	2	%			8.54
66	216	主干弯数	Main trunk bend number	N	4	1	个			2.1
67	217	主干弯曲	Main trunk bend type	C	4			1:直 2:稍弯 3:弯	1:Straight 2:Slightly curved 3:curved	直
68	218	竞争枝数	Competitive branches number	N	4	1	个			2.5
69	219	竞争枝角度	Competitive branch angle	N	4	1	°			30.2
70	220	枝干比	Ratio of branch and trunk	N	4	1	%			20.1
71	221	幼树树皮颜色	Sapling bark color	C	6			1:灰绿色 2:灰白色 3:灰褐色	1:Greyish green 2:Grayish white 3:Greyish brown	灰绿色
72	222	幼树皮孔颜色	Lenticels color on sapling bark	C	4			1:褐色 2:棕色	1:Light brown 2:Dark brown	褐色
73	223	幼树皮孔排列	Lenticels arrangement on sapling bark	C	8			1:横 2:竖 3:横竖兼有	1:Traverse 2:Vertical 3:Traverse and vertical	横
74	224	幼树皮孔密度	Lenticels density on sapling bark	N	4	0		1:密 2:中 3:稀	1:Dense 2:Medium 3:Sparse	密

（续）

序号	代号	描述符	字段英文名	字段类型	字段长度	字段小数位	单位	代码	代码英文名	样例
75	225	树皮颜色	Bark color	C	6			1:青绿色 2:灰白色 3:灰褐色 4:黄褐色 5:红褐色	1:Dark green 2:Grey white 3:Grey brown 4:Yellow brown 5:Red brown	青绿色
76	226	树皮开裂形式	Bark cracking type	C	6			1:不开裂 2:浅裂 3:中裂 4:深裂	1:Indehiscent 2:Light dehiscent 3:Middle dehiscent 4:Deep dehiscent	不开裂
77	227	树皮开裂方向	Bark cracking direction	C	10			1:纵裂 2:横裂 3:纵裂兼横裂	1:Longitudinal dehiscent 2:Transverse dehiscent 3:Longitudinal and transverse dehiscent	纵裂
78	228	树皮剥落	Bark peeling	C	2			1:是 2:否	1:Yes 2:No	是
79	229	树皮开裂是否规则	Bark cracking regular or not	C	2			1:是 2:否	1:Yes 2:No	是
80	230	树干皮孔	Trunk lenticels	C	8			1:清晰可见 2:隐约可见 3:无	1:Clearly visible 2:Dimly visible 3:None	清晰可见
81	231	枝条伸展姿态	Branch stretching posture	C	4			1:直立 2:斜展 3:平展 4:下垂	1:Upright 2:Slant 3:Horizontal 4:Drooping	直立
82	232	枝条木栓翅	Branch phellem wing	C	2			1:有 2:无	1:With 2:Without	有

（续）

序号	代号	描述符	字段英文名	字段类型	字段长度	字段小数位	单位	代码	代码英文名	样例
83	233	枝条密度	Branch density	C	4			1:密集 2:中等 3:稀疏	1:Dense 2:Medium 3:Sparse	密集
84	234	枝下高	Height under branch	C	4		m			2.5
85	235	自然整枝	Natural pruning	C	4			1:差 2:较差 3:中等 4:较好 5:好	1:Poor 2:Relatively poor 3:Intermediate 4:Relatively strong 5:Strong	中等
86	236	分枝角度	Branching angle	C	6		°			25
87	237	分枝粗度	Branch coarseness	N	4	1	cm			7.8
88	238	一级侧枝数	Primary lateral branch number	N	4	1	个			3
89	239	冬芽形状	Winter buds shape	C	6			1:圆锥形 2:卵形 3:圆形	1:Conical 2:Oval 3:Round	圆锥形
90	240	幼枝被毛	Hairs in young shoot	C	4			1:无 2:稀疏 3:较密	1:None 2:Spare 3:Dense	无
91	241	一年生枝被毛	Hairs in annual branch	C	4			1:无 2:稀疏 3:较密	1:None 2:Spare 3:Dense	无
92	242	幼枝颜色	Young shoot color	C	6			1:淡绿色 2:绿色 3:黄绿色 4:黄色	1:Light green 2:Green 3:Light yellow 4:Yellow	淡绿色

（续）

序号	代号	描述符	字段英文名	字段类型	字段长度	字段小数位	单位	代码	代码英文名	样例
93	243	一年生枝颜色	Annual branch color	C	6			1:青绿色 2:灰白色 3:紫褐色	1:Dark green 2:Grey white 3:Brown purple	青绿色
94	244	一年生枝扭曲	Annual branch twist or not	C	2			1:是 2:否	1:Yes 2:No	是
95	245	一年生枝下垂	Annual branch drooping or not	C	2			1:是 2:否	1:Yes 2:No	是
96	246	2～3 年生小枝颜色	2-3 years old branch color	C	6			1:青绿色 2:灰褐色 3:红绿色 4:棕色	1:Dark green 2:Grey brown 3:Red and green 4:Dark brown	灰褐色
97	247	叶形	Leaf shape	C	8			1:披针形 2:长卵形 3:卵形 4:卵圆形 5:倒卵形 6:椭圆形 7:阔椭圆形	1:Lanceolate 2:Long ovate 3:Ovate 4:Broad ovate 5:Obovate 6:Elliptical 7:Broad elliptical	阔椭圆形
98	248	幼叶颜色	Young leaf color	C	6			1:黄色 2:黄绿色 3:绿色 4:红褐色	1:Yellow 2:Yellowish green 3:Green 4:Red brown	黄绿色
99	249	秋叶颜色	Autumn leaf color	C	6			1:绿色 2:紫红色 3:黄褐色 4:红褐色	1:Green 2:Purple red 3:Yellow brown 4:Red brown	紫红色

（续）

序号	代号	描述符	字段英文名	字段类型	字段长度	字段小数位	单位	代码	代码英文名	样例
100	250	成熟叶颜色	Mature leaf color	C	6			1:墨绿色 2:绿色 3:黄色 4:红褐色	1:Blackish green 2:Green 3:Yellow 4:Red brown	墨绿色
101	251	叶片质地	Leaf texture	C	6			1:纸质 2:厚纸质 3:革质	1:Papery 2:Thick papery 3:Leathery	纸质
102	252	叶片光泽	Leaf gloss	C	2			1:无 2:有	1:None 2:Yes	无
103	253	叶长	Leaf length	N	4	2	cm			7.83
104	254	叶宽	Leaf width	N	4	2	cm			3.80
105	255	叶柄长	Length of leaf petiole	N	4	2	cm			0.53
106	256	叶柄被毛	Hair of leaf petiole	C	4			1:无 2:稀疏 3:密	1:None 2:Spare 3:Dense	稀疏
107	257	托叶长	Stipule length	N	4	2	cm			1.52
108	258	托叶宽	Stipule width	N	4	2	cm			0.53
109	259	托叶形状	Stipule shape	C	6			1:披针形 2:卵形	1:Lanceolate 2:Ovate	披针形
110	260	叶面被毛	Hair of leaf surface	C	4			1:无 2:稀疏 3:密	1:None 2:Spare 3:Dense	无
111	261	叶背被毛	Hair of leafstatus	C	4			1:无 2:稀疏 3:密	1:None 2:Spare 3:Dense	无

（续）

序号	代号	描述符	字段英文名	字段类型	字段长度	字段小数位	单位	代码	代码英文名	样例
112	262	叶片基部偏斜程度	Blade base deflection degree	C	6			1:不偏斜 2:轻度 3:中度 4:重度	1:Non 2:Light 3:Medium 4:Very	不偏斜
113	263	叶尖形状	Leaf apex shape	C	4			1:渐尖 2:尾尖 3:锐尖 4:突尖 5:钝尖 6:凹缺	1:Acuminate 2:Caudate 3:Acute 4:Abrupt 5:Obtuse 6:Emarginate	渐尖
114	264	叶片最宽处位置	Widest position of blade	C	8			1:中部以上 2:中部 3:中部以下	1:Above middle 2:Middle 3:Below middle	中部以下
115	265	叶缘锯齿类型	Leaf serration type	C	12			1:单锯齿 2:重锯齿	1:Single serrate 2:Double serrate	重锯齿
116	266	叶缘锯齿深度	Leaf serrated depth	C	4			1:浅 2:较深 3:深	1:Light 2:Less deep 3:Deep	浅
117	267	锯齿先端形状	Serrate apex shape	C	2			1:尖 2:钝	1:Sharp 2:Obtuse	钝
118	268	侧脉对数	Lateral veins number	N	4	1	对			9
119	269	侧脉末端状态	Lateral vein terminal	C	6			1:交叉 2:不交叉	1:Connected 2:Unconnected	交叉
120	270	叶片边缘是否平展	Leaf blade spreading flat or not	C	2			1:是 2:否	1:Yes 2:No	是

（续）

序号	代号	描述符	字段英文名	字段类型	字段长度	字段小数位	单位	代码	代码英文名	样例
121	271	单叶鲜重	Single leaf fresh weight	N	4	2	g			0.46
122	272	单叶干重	Single leaf dry weight	N	4	2	g			0.17
123	273	叶片相对含水量	Relative water content of leaf	N	4	1	%			63.1
124	274	花被片形状	Tepal shape	C	6			1:圆形 2:卵圆形 3:长卵形	1:Round 2:Ovate 3:Long ovate	卵圆形
125	275	花被片被毛	Hair of tepal	C	2			1:是 2:否	1:Yes 2:No	是
126	276	花药颜色	Anther color	C	6			1:淡黄色 2:深黄色	1:Light yellow 2:Dark yellow	淡黄色
127	277	花被片颜色	Tepal color	C	6			1:紫褐色 2:灰褐色 3:灰白色	1:Purple brown 2:Grey brown 3:Grey white	紫褐色
128	278	花丝是否高出柱头	Filament higher than stigma or not	C	2			1:是 2:否	1:Yes 2:No	是
129	279	翅果形状	Samara shape	C	6			1:圆形 2:扁圆形 3:椭圆形 4:倒卵形	1:Round 2:Oblate 3:Elliptic 4:Obovate	圆形
130	280	翅果被毛	Hair of samara	C	2			1:无 2:有	1:None 2:Yes	无
131	281	翅果长	Samara length	N	4	2	cm			0.92
132	282	翅果宽	Samara width	N	4	2	cm			0.83

（续）

序号	代号	描述符	字段英文名	字段类型	字段长度	字段小数位	单位	代码	代码英文名	样例
133	283	果柄长	Stalk length	N	4	2	cm			0.16
134	284	果柄毛	Hair of stalk	C	2			1:无 2:有	1:None 2:Yes	无
135	285	果实先端闭合	Fruit apex closed or not	C	2			1:是 2:否	1:Yes 2:No	是
136	286	种子形状	Seed shape	C	6			1:圆形 2:扁圆形	1:Round 2:Oblate	圆形
137	287	种子位置	Position of seed in samara	C	8			1:中部 2:中部以上	1:Middle 2:Above middle	中部
138	288	繁殖特性	Propagation method	C	8			1:实生 2:嫁接 3:嫩枝扦插 4:硬枝扦插 5:压条 6:根插 7:组织培养 8:分株 9:其他	1:Seedling 2:Grafting 3:Softwood cutting 4:Hardwood cutting 5:Layering 6:Root cutting 7:Tissue culture 8:Suckering 9:Other	实生
139	289	分枝能力	Ability for branching	C	4			1:低 2:中等 3:强	1:Low 2:Middle 3:Strong	低
140	290	结实能力	Ability for fruit bearing	C	4			1:低 2:中等 3:强	1:Low 2:Middle 3:Strong	低
141	291	萌芽期	Bud break date	D	8					3月25日

（续）

序号	代号	描述符	字段英文名	字段类型	字段长度	字段小数位	单位	代码	代码英文名	样例
142	292	始花期	Beginning bloom date	D	8					3月1日
143	293	盛花期	Full bloom date	D	8					3月8日
144	294	末花期	End bloom date	D	8					3月12日
145	295	果实成熟期	Mature date	D	8					5月3日
146	296	落叶期	Defoliation	D	8					11月12日
147	297	生长期	Period of growth	D	8		d			220
148	301	翅果含油量	Oil content of samara	N	8	2	%			0.51
149	302	木材基本密度	Wood basic density	C	2		g/cm^3			0.36
150	303	木材纤维长度	Wood fiber length	C	2		mm			1.1
151	304	木材纤维宽度	Wood fiber width	C	2		μm			18
152	305	木材纤维长宽比	Wood ratio of fiber length to width	C	2					48
153	306	木材纤维含量	Wood fiber content	N	2		%			
154	307	木材造纸得率	Wood paper-making yield	N	2		%			
155	308	木材顺压强度	Wood compression strength	C	2			1:高 2:较高 3:中 4:较低 5:低	1:High 2:Relatively high 3:Intermediate 4:Relatively low 5:Low	高

（续）

序号	代号	描述符	字段英文名	字段类型	字段长度	字段小数位	单位	代码	代码英文名	样例
156	309	木材抗弯强度	Wood bending strength	C	10			1:高 2:较高 3:中 4:较低 5:低	1:High 2:Relatively high 3:Intermediate 4:Relatively low 5:Low	高
157	310	木材干缩系数	Wood dry shrinkage coefficient	N	10					
158	311	木材弹性模量	Wood elastic modulus	N	10					
159	312	木材硬度	Wood hardness	C	10			1:硬 2:中 3:软	1:Hard 2:Intermediate 3:Soft	硬
160	313	木材冲击韧性	Wood impact toughness	C	10			1:强 2:中 3:差	1:Strong 2:Intermediate 3:Weak	强
161	401	耐寒性	Cold tolerance	C	4			1:极强 2:强 3:中 4:弱 5:极弱	1:Extremely strong 2:Strong 3:Middle 4:Poor 5:Extremely poor	中
162	402	抗涝性	Waterlogging tolerance	C	4			1:极强 2:强 3:中 4:弱 5:极弱	1:Extremely strong 2:Strong 3:Intermediate 4:Poor 5:Extremely poor	强

（续）

序号	代号	描述符	字段英文名	字段类型	字段长度	字段小数位	单位	代码	代码英文名	样例
163	501	榆紫叶甲虫虫害抗性	Resistance to *Ambrostoma quadriimpressum*	C	4			1：高抗 2：抗病 3：中抗 4：感病 5：高感	1：High resistance 2：Resistance 3：Moderate resistant 4：Susceptibility 5：High susceptibility	抗病
164	502	黑绒金龟子虫害抗性	Resistance to *Serica orientalis*	C	4			1：高抗 2：抗病 3：中抗 4：感病 5：高感	1：High resistance 2：Resistance 3：Moderate resistant 4：Susceptibility 5：High susceptibility	强
165	503	榆天社蛾虫害抗性	Resistance to *Epicoma melanosticta*	C	4			1：高抗 2：抗病 3：中抗 4：感病 5：高感	1：High resistance 2：Resistance 3：Moderate resistant 4：Susceptibility 5：High susceptibility	强
166	504	榆毒蛾虫害抗性	Resistance to *Ivela ochropoda*	C	4			1：高抗 2：抗病 3：中抗 4：感病 5：高感	1：High resistance 2：Resistance 3：Moderate resistant 4：Susceptibility 5：High susceptibility	抗病
167	601	花粉粒	Pollengrain	C	10					抗病
168	602	指纹图谱与分子标记	Finger printing and molecular marker	C	60					抗病
169	603	核型	Karyotype	C	40					抗病
170	604	备注	Remarks	C	60					

白榆种质资源数据质量控制规范

1 范围

本规范规定了白榆种质资源数据采集过程的质量控制内容和方法。

本规范适用于白榆种质资源的整理、整合和共享。

2 规范性引用文件

下列文件中的条款通过本规范的引用而成为本规范的条款。凡是注日期的引用文件，其随后所有的修改单(不包括勘误的内容)或修订版均不适用于本规范，然而，鼓励根据本规范达成协议的各方研究是否可使用这些文件的最新版本。凡是不注日期的引用文件，其最新版适用于规范。

GB/T 2260—2007 中华人民共和国行政区划代码

GB/T 2259—2000 世界各国和地区名称代码

GB/T 14072—1993 林木种质资源原则与方法

LY/T 2192—2013 林木种质资源共性描述规范

3 数据质量控制的基本方法

3.1 形态特征和生物学特性鉴定条件

3.1.1 鉴定地点

鉴定地点的环境条件应能够满足白榆植株的正常生长及其性状的正常表达。

3.1.2 鉴定时间

根据白榆的生长周期和物候期，结合各鉴定项目的要求，确定最佳的鉴定时间。数量性状鉴定不少于2年。

3.1.3 鉴定株数

鉴定株数一般不少于5株。抗逆性和抗病虫性状根据具体观测方法而定。

3.2 数据采集

形态特征和生物学特性观测试验原始数据的采集应在种质正常生长的情况下获得。如遇自然灾害等因素严重影响植株正常生长，应重新进行观测试验和数据采集。

3.3 鉴定数据统计分析和校验

每份种质的形态特征、生物学特性和品质特性等观测数据依据对照品种进行校验。根据观测校验值，计算每份种质性状的平均值、变异系数和标准差，并进行方差分析，判断试验结果的稳定性和可靠性。取校验的平均值作为该种质的性状值。

4 基本信息

4.1 资源流水号

白榆种质资源进入数据库自动生成的编号。

4.2 资源编号

白榆种质资源的全国统一编号。由15位符号组成，即树种代码(5位)+保存地代码(6位)+顺序号(4位)。

——树种代码：采用树种学名(拉丁名)的属名前2位字母+种名前3位字母组成，即ULPUM；

——保存地代码：是指资源保存地所在县级行政区域的代码，按照GB/T 2260—2007的规定执行；

——顺序号：该类资源在保存库中的顺序号。

示例：ULPUM(白榆树种代码)360100(江西南昌市)0001(保存顺序号)

4.3 种质名称

每份白榆种质资源的中文名称。

4.4 种质外文名

国外引进白榆种质的外文名，国内种质资源不填写。

4.5 科中文名

种质资源在植物分类学上的中文科名，如“榆科”。

4.6 科拉丁名

种质资源在植物分类学上科的拉丁文，拉丁文用正体，如“Ulmaceae”

4.7 属中文名

种质资源在植物分类学上的中文属名，如“榆属”。

4.8 属拉丁名

种质资源在植物分类学上的属的拉丁文，拉丁文用斜体，如“*Ulmus*”。

4.9 种名或亚种名

种质资源在植物分类学上的中文名或亚种名，如“白榆”。

4.10 种拉丁名

种质资源在植物分类学上的拉丁文、拉丁文用斜体，如“*Ulmus pumila* L.”。

4.11 原产地

国内白榆种质资源的原产县、乡、村、林场名称。依照 GB/T 2260—2007 的要求，填写原产县、自治县、县级市、市辖区、旗、自治旗、林区的名称以及具体的乡、村、林场等名称。

4.12 省(自治区、直辖市)

国内白榆种质资源原产省份，依照 GB/T 2260—2007 的要求，填写原产省、直辖市和自治区的名称；国外引种白榆种质资源原产国家(或地区)一级行政区的名称。

4.13 国家

白榆种质资源的原产国家或地区的名称，依照 GB/T 2259—2000 中的规范名称填写，如该国家已不存在，应在原国家名称前加(原)，如(原苏联)。国际组织名称用该组织的外文名缩写，如“FAO”。

4.14 来源地

国外引进的白榆种质资源的来源国、地区或国际组织名称；国内白榆种质资源的来源省、县名称。

4.15 资源归类编码

采用国家自然科技资源共享平台编制的《自然科技资源共性描述规范》，依据其中“植物种质资源分级归类与编码表”中林木部分进行编码(11 位)。不能归并到末级的资源，可以归到上一级，后面补齐 000。白榆的归类编码是 111311157143。

4.16 资源类型

保存的白榆种质资源的类型。

1 野生资源(群体、种源)

2 野生资源(家系)
3 野生资源(个体、基因型)
4 地方品种
5 选育品种
6 遗传材料
7 其他

4.17 主要特性

白榆种质资源的主要特性。

1 高产
2 优质
3 抗病
4 抗虫
5 抗逆
6 其他

4.18 主要用途

白榆种质资源的主要用途。

1 材用
2 食用
3 药用
4 防护
5 观赏
6 其他

4.19 气候带

白榆种质资源原产地所属气候带。

1 热带
2 亚热带
3 温带
4 寒带

4.20 生长习性

白榆种质资源的生长习性。描述林木在长期自然选择中表现的生长、适应或喜好。如落叶乔木、直立生长、喜光、耐盐碱、喜水肥、耐干旱等。

4.21 开花结实特性

白榆种质资源开花和结实周期，如始花期、结果大小年周期等。

4.22 特征特性

白榆种质资源可识别或独特性的形态、特征，如小叶圆形、垂枝。

4.23 具体用途

白榆种质资源具有的特殊价值和用途，如生态防护树种、用材、纸浆材、种子可榨取工业用油、园林绿化等。

4.24 观测地点

白榆种质资源形态、特性观测测定的地点。

4.25 繁殖方式

白榆种质资源的繁殖方式。

1 有性繁殖(种子繁殖)

2 有性繁殖(胎生繁殖)

3 无性繁殖(扦插繁殖)

4 无性繁殖(嫁接繁殖)

5 无性繁殖(根蘖)

6 无性繁殖(分蘖繁殖)

4.26 选育(采集)单位

选育白榆品种的单位或个人/野生资源的采集单位或个人。

4.27 育成年份

品种选育成功的年份，野生资源不填写。

4.28 海拔

白榆种质资源原产地的海拔高度，单位为 m。

4.29 经度

白榆种质资源原产地的经度，格式为 DDDFFMM，其中 DDD 为度，FF 为分，MM 为秒，东经以正数表示，西经以负数表示。

4.30 纬度

白榆种质资源原产地的纬度，格式为 DDFFMM，其中 DD 为度，FF 为分，MM 为秒，北纬以正数表示，南纬以负数表示。

4.31 土壤类型

白榆种质资源原产地的土壤条件，包括土壤质地、土壤名称、土壤酸碱度或性质等。

4.32 生态环境

白榆种质资源原产地的自然生态系统类型。

4.33 年均温度

白榆种质资源原产地的年平均温度，通常用当地最近气象台近 30 ~ 50 年的年均温度，单位为℃。

4.34 年均降水量

白榆种质资源原产地的年均降水量，通常用当地最近气象台近 30 ~ 50 年的年均降水量，单位为 mm。

4.35 图像

白榆种质资源的图像文件名，图像格式为 .jpg。图像文件名由资源流水号加半连号“-”加序号加“.jpg”。多个图像文件名之间用英文分号分隔。图像主要包括植株、叶片、花、果实以及能够表现种质资源特异性状的图片。要求图像清晰，图片文件大小 1Mb 以上。

4.36 记录地址

提供白榆种质资源详细信息的网址或数据库记录链接。

4.37 保存单位

白榆种质资源的保存单位名称(全称)。

4.38 单位编号

白榆种质资源在保存单位中的编号，单位编号在同一单位应具有唯一性。

4.39 库编号

白榆种质资源在种质资源库或圃中的编号。

4.40 引种号

白榆种质资源从国外引入时的编号。

4.41 采集号

白榆种质资源在野外采集时的编号。

4.42 保存时间

白榆种质资源被收藏单位收藏或保存的时间，以“年月日”表示，格式为“YYYYMMDD”。

4.43 保存材料类型

保存的白榆种质材料的类型。

1 植株
2 种子
3 营养器官(穗条、根穗等)
4 花粉
5 培养物(组培材料)
6 其他

4.44 保存方式

白榆种质资源保存的方式。

1 原地保存
2 异地保存
3 设施(低温库)保存

4.45 实物状态

白榆种质资源实物的状态。

1 良好

2 中等

3 较差

4 缺失

4.46 共享方式

白榆种质资源实物的共享方式。

1 公益

2 公益借用

3 合作研究

4 知识产权交易

5 资源纯交易

6 资源租赁

7 资源交换

8 收藏地共享

9 行政许可

10 不共享

4.47 获取途径

获取白榆种质资源实物的途径。

1 邮递

2 现场获取

3 网上订购

4 其他

4.48 联系方式

获取白榆种质资源的联系方式，包括联系人、单位、邮编、电话、E-mail等。

4.49 源数据主键

链接白榆种质资源特性或详细信息的主键值。

4.50 关联项目及编号

白榆种质资源收集、选育或整合依托项目及编号，可写多个项目，用分号隔开。

5 形态特征和生物学特性

5.1 生活型

采用目测法，观察植株对综合生境条件长期适应而在形态上表现出的生长类型。

1 小乔木

2 大乔木

3 灌木

5.2 树姿

在休眠期，采用目测法，观察 3 株以上整个植株枝条的生长方向、发枝角度等，对比树型模式图，确定树姿。

1 直立

2 开张

5.3 树冠形状

在夏季树木生长旺盛期，选取生长正常的成年植株，观察整个植株主枝基脚的开张角度、树体高度和枝条的生长方向，对比冠形模式图，确定树冠形状。

1 球形

2 卵形

3 长卵形

4 圆柱形

5 倒卵形

6 圆锥形

7 垂枝形

5.4 生长势

选取生长正常的成年植株，采用目测法，观察树体的高度，树干的粗度，枝条的长度和粗度以及新梢生长的长度、粗度和叶片的大小等，综合判断其生长势。

1 强

2 中

3 弱

5.5 树高

选取 15 株生长正常的成年植株，测量从地面根基部到树梢最高处之间的距离，单位为 m，精确到 0.1 m。

5.6　冠幅

以 5.5 选取的植株为观测对象，测量树冠南北和东西方向宽度。记录实测数据，计算平均值，单位为 m，精确到 0.1 m。

5.7　冠体积

以 5.5 选取的植株为观测对象，计算植株树冠体积大小，单位为 m^3，精确到 0.1 m^3。

5.8　树冠圆满度

以 5.5 选取的植株为观测对象，计算植株冠幅与树冠长度的比值，以% 表示，精确到 0.1% 。

5.9　树干尖削度

以 5.5 选取的植株为观测对象，计算植株从根部向上每生长 1 m 时的直径减小的数值，单位为 cm，精确到 0.1 cm。

5.10　主干类型

以 5.5 选取的植株为观测对象，观察植株主干表现出的状态，确定主干类型。

1　直干型

2　弯干型

5.11　树冠内主干是否明显

以 5.5 选取的植株为观测对象，观察植株主干是否伸入树冠内，表现的是否明显。

1　是

2　否

5.12　胸径

以 5.5 选取的植株为观测对象，测量植株在距离树木基部 1.3 m 处的树干直径。记录实测数据，计算平均值，单位为 cm，精确到 0.1 cm。

5.13　主干高

以 5.5 选取的植株为观测对象，测量植株从基部到主干分支点处的距离作为主干高。记录实测数据，计算平均值，单位为 m，精确到 0.1 m。

5.14　主干材积

以 5.5 选取的植株为观测对象，计算植株主干部分能够利用的木材体积，单位为 m^3，精确到 0.1 m^3。

5.15　胸高形数

以 5.5 选取的植株为观测对象，计算植株树干材积与比较圆柱体的比值作为胸高指数，单位为%，精确到0.01%。

5.16 主干弯数

以5.5选取的植株为观测对象，统计植株主干弯曲数量。记录实测数据，计算平均值，单位为个，精确0.1个。

5.17 主干通直度

以5.5选取的植株为观测对象，观察植株主干所表现出的通直或弯曲程度，与主干通直度模式图比较，得出主干通直度。

1 直

2 稍弯

3 弯

5.18 竞争枝数

以5.5选取的植株为观测对象，统计植株主干以上较大竞争枝的数量。记录实测数据，计算平均值，单位为个，精确到0.1个。

5.19 竞争枝角度

以5.5选取的植株为观测对象，测量植株竞争枝与主干之间的夹角大小。记录实测数据，计算平均值，单位为°，精确到0.1°。

5.20 枝干比

以5.5选取的植株为观测对象，计算植株最粗的主枝与主干粗度的比值。记录实测数据，计算平均值，单位为%，精确到0.1%。

5.21 幼树树皮颜色

选取5年生幼树，采用目测法，观察树皮所表现出的颜色，与标准比色卡的颜色进行对比，按照最大相似原则，确定幼树树皮颜色。

1 灰绿色

2 灰白色

3 灰褐色

5.22 幼树皮孔颜色

以5.21选取的幼树作为观察对象，采用目测法，观察幼树树皮上皮孔所表现出的颜色，与标准比色卡的颜色进行对比，按照最大相似原则，确定幼树皮孔颜色。

1 褐色

2 棕色

5.23 幼树皮孔排列

以5.21选取的幼树作为观察对象，采用目测法，观察幼树树皮上皮孔排列的方式，与皮孔排列模式图对比，确定幼树皮孔排列方式。

1 横

2 竖

3 横竖兼有

5.24 幼树皮孔密度

以5.21选取的幼树作为观察对象，观察幼树树皮上皮孔的多少，确定幼树皮孔密度。

1 密

2 中

3 稀

5.25 树皮颜色

选取生长正常的成年树树干为观测对象，采用目测法，观察植株树皮的颜色，与标准比色卡的颜色进行对比，按照最大相似原则，确定树皮颜色。

1 青绿色

2 灰白色

3 灰褐色

4 黄褐色

5 红褐色

5.26 树皮开裂形式

以5.25选取的成年树作为观测对象，采用目测法，观察植株树皮是否开裂以及树皮开裂的程度。

1 不开裂

2 浅裂

3 中裂

4 深裂

5.27 树皮开裂方向

以5.25选取的成年树作为观测对象，采用目测法，观察植株树皮开裂所表现出的不同方向类型。

1 纵裂

2 横裂

3 纵横裂兼有

5.28 树皮剥落

以5.25选取的成年树作为观测对象，采用目测法，观察成年树植株树皮是否剥落。

1 是

2 否

5.29 树皮开裂是否规则

以 5.25 选取的成年树作为观测对象，采用目测法，观察植株树干开裂表现出的形态是否规则。

1 是

2 否

5.30 树干皮孔

以 5.25 选取的成年树作为观测对象，采用目测法，观察植株树干上是否有皮孔及可见度。

1 清新可见

2 隐约可见

3 无

5.31 枝条伸展姿态

在夏季树木生长旺盛期，选取生长正常的成年树，观察树冠内主枝的生长方向以及伸展所表现出的姿态，与枝条伸展姿态模式图对比，确定姿态伸展姿态。

1 直立

2 斜展

3 平展

4 下垂

5.32 枝条木栓翅

在休眠期，选择树冠中部外围生长健壮的 1 年生枝条作为观测对象，采用目测法，观察枝条上是否具有木栓翅。

1 有

2 无

5.33 枝条密度

在夏季树木生长旺盛期，选取生长正常的成年树，采用目测法，观察植株树冠内枝条交错所表现出的密度大小。

1 密集

2 中等

3 稀疏

5.34 枝下高

选取 30 株成龄树(随机抽取，常规栽培管理，下同)，用测高器测量立木形成树冠的第一主枝的分枝以下的高度，求其平均值。单位为 m，精确到

0. 1 m。

5. 35 自然整枝

选取成龄树，采用目测的方法，观测榆属植株树冠基部的枝条枯落的状况。

1 差
2 较差
3 中等
4 较好
5 好

5. 36 分枝角度

选取30株成龄树(随机抽取，常规栽培管理，下同)，测量榆属植株1、2级大枝间的夹角，求其平均值。单位为°。

5. 37 分枝粗度

在夏季树木生长旺盛期，选取生长正常的成年树15株，测量植株最粗主枝的基部直径。记录实测数据，计算平均值，单位为cm，精确到0. 1 cm。

5. 38 一级侧枝数

在夏季树木生长旺盛期，选取生长正常的成年树15株，统计计算一级侧枝的数量。记录实测数据，计算平均值，单位为个，精确到0. 1 个。

5. 39 冬芽形状

以5. 32选择的枝条作为观测对象，目测观察冬芽所表现出的形态，对比冬芽形状模式图，确定冬芽形状。

1 圆锥形
2 卵形
3 圆形

5. 40 幼枝被毛

在夏季树木生长旺盛期，选取树木中部向阳面当年生枝条，采用目测法，观察枝条上部被毛的情况。

1 无
2 稀疏
3 较密

5. 41 幼枝颜色

以5. 40选取的枝条作为观察对象，采用目测法，观察枝条上部颜色，与标准比色卡对照，按照最大相似原则，确定幼枝颜色。

1 淡绿色

2 绿色

3 黄绿色

4 黄色

5.42 1年生枝被毛

以5.32选择的枝条作为观测对象，采用目测法，观察被毛情况。

1 无

2 稀疏

3 较密

5.43 1年生枝颜色

以5.32选择的枝条作为观测对象，采用目测法，观察枝条表皮的颜色，与标准比色卡对照，按照最大相似原则，确定1年生枝的颜色。

1 青绿色

2 灰白色

3 紫褐色

5.44 1年生枝扭曲

以5.32选择的枝条作为观测对象，采用目测法，观察1年生枝条是否扭曲。

1 是

2 否

5.45 1年生枝下垂

以5.32选择的枝条作为观测对象，采用目测法，观察1年生枝条是否下垂。

1 是

2 否

5.46 2~3年生小枝颜色

在夏季树木生长旺盛期，选取树冠中部2~3年生小枝，采用目测法，观察小枝的颜色，与标准比色卡对比，按照最大相似原则，确定2~3年生小枝颜色。

1 青绿色

2 灰褐色

3 红绿色

4 棕色

5.47 叶形

在夏季生长旺盛期，选取成年树树冠中部向阳面生长正常的枝条中部的成熟叶，采用目测法，观察叶片的形态，与叶形模式图对比，确定叶片形状。

1　披针形

2　长卵形

3　卵形

4　卵圆形

5　倒卵形

6　椭圆形

7　阔椭圆形

5.48　幼叶颜色

在春季幼叶发生期，选取成年树树冠中部向阳面生长正常的幼叶，采用目测法，观察幼叶上表面的颜色，与标准比色卡对比，按照最大相似原则，确定幼叶颜色。

1　黄色

2　黄绿色

3　绿色

4　红褐色

5.49　秋叶颜色

在秋季叶片变色期，选取树冠中部向阳面生长正常的叶片，采用目测法，观察秋叶的颜色，与标准比色卡对比，按照最大相似原则，确定秋叶颜色。

1　绿色

2　紫红色

3　黄褐色

4　红褐色

5.50　成熟叶颜色

以5.47选取的成熟叶片作观察对象，采用目测法，观察成熟叶的颜色，与标准比色卡对比，按照最大相似原则，确定成熟叶颜色。

1　墨绿色

2　绿色

3　黄色

4　红褐色

5.51　叶片质地

以5.47选取的成熟叶片作观察对象，采用触摸法，得出成熟叶片所表现出的质地状况。

1　纸质

2 厚纸质

3 革质

5.52 叶片光泽

以5.47选取的成熟叶片作为观察对象，采用目测法，观察成熟叶表面在阳光照射的情况下，确定叶片是否有光泽。

1 无

2 有

5.53 叶长

以5.47选取的成熟叶30片作观测对象，测量叶片基部与叶尖之间的最大长度。记录实测数据，计算平均值。单位为cm，精确到0.1 cm。

5.54 叶宽

以5.47选取的成熟叶30片作观测对象，测量叶片最宽处的宽度。记录实测数据，计算平均值。单位为cm，精确到0.1 cm。

5.55 叶柄长

以5.47选取的成熟叶30片作观测对象，测量叶柄的长度。记录实测数据，计算平均值。单位为cm，精确到0.1 cm。

5.56 叶柄被毛

以5.47选取的成熟叶片作为观察对象，采用目测法，观察叶柄是否被毛以及疏密情况。

1 无

2 稀疏

3 密

5.57 托叶长

在夏季生长旺盛期，选取成年树树冠中部向阳面生长正常的当年生枝15条，测量枝条上留存的最下部的托叶的长度。记录实测数据，计算平均值。单位为cm，精确到0.1 cm。

5.58 托叶宽

以5.57选取的托叶为观察对象，测量托叶中部的宽度。记录实测数据，计算平均值。单位为cm，精确到0.1 cm。

5.59 托叶形状

以5.57选取的托叶为观察对象，采用目测法观察托叶的外形，确定托叶形状。

1 披针形

2 卵形

5.60　叶面被毛

以5.47选取的成熟叶片作为观察对象，采用目测法，观察叶片表面是否被毛以及被毛的疏密状况。

1　无

2　稀疏

3　密

5.61　叶背被毛

以5.47选取的成熟叶片作为观察对象，采用目测法，观察叶片背面是否被毛以及被毛的疏密状况。

1　无

2　稀疏

3　密

5.62　叶片基部偏斜程度

以5.47选取的成熟叶片作为观察对象，采用目测法，观察叶片基部主脉两侧是否发生偏斜及偏斜的程度，确定偏斜程度。

1　不偏斜

2　轻度

3　中度

4　重度

5.63　叶尖形状

以5.47选取的成熟叶片作为观察对象，采用目测法，观察叶片先端的形状，与叶尖形状模式图对比，确定叶尖形状。

1　渐尖

2　尾尖

3　锐尖

4　突尖

5　钝尖

6　凹缺

5.64　叶片最宽处位置

以5.47选取的成熟叶片作为观察对象，采用目测法，观察叶片最宽处在叶片中的位置，确定叶片最宽处的位置。

1　中部以上

2　中部

3　中部以下

5.65 叶缘锯齿类型

以5.47选取的成熟叶片作为观察对象，采用目测法，观察叶片边缘锯齿所表现出的状态，与叶缘锯齿状态模式图对比，确定叶缘锯齿类型。

1 单锯齿

2 重锯齿

5.66 叶缘锯齿深度

以5.47选取的成熟叶片作为观察对象，观察叶片叶缘锯齿的深浅程度。

1 浅

2 较深

3 深

5.67 锯齿先端形状

以5.47选取的成熟叶片作为观察对象，采用目测法，观察叶缘锯齿先端表现出的形状，与锯齿先端形状模式图对比，确定锯齿先端形状。

1 尖

2 钝

5.68 侧脉对数

以5.47选取的成熟叶30片作观测对象，统计叶片叶脉的对数。记录实测数据，计算平均值，单位为对，精确到0.1对。

5.69 侧脉末端状态

以5.47选取的成熟叶片作为观察对象，采用目测法，观察叶片侧脉末端的分布情况。

1 交叉

2 不交叉

5.70 叶片边缘是否平展

以5.47选取的成熟叶片作为观察对象，采用目测法，观察叶片边缘是否平展。

1 是

2 否

5.71 单叶鲜重

以5.47选取的成熟叶30片作观测对象，采集后立刻称重。记录实测数据，计算平均值。单位为g，精确到0.01 g。

5.72 单叶干重

以5.47选取的成熟叶片作为观测对象，经烘干后称重。记录实测数据，计算平均值。单位为g，精确到0.01 g。

5.73 叶片相对含水量

以5.47选取的成熟叶片作为观测对象。具体测试方法如下：

称取叶片鲜重 Wf，然后将叶片浸入蒸馏水中数小时，使叶片吸水成饱和状态。取出用吸水纸吸取表面的水分，立即放入已知重量的称瓶中称重，再放入蒸馏水中一段时间后取出吸干外面水分，再称重，直至重量不再增加为止。此时即为叶片吸水饱和时的重量 Wt，再将样品烘干，求得组织干重 Wd。

按下列公示计算相对含水量，取3次重复，计算平均值。相对含水量以%表示，精确到0.1%。

$$RWC = (Wf - Wd)/(Wt - Wd) \times 100\%$$

其中：RWC——相对含水量(%)

Wf——叶片鲜重(g)

Wd——叶片干重(g)

Wt——叶片饱水重(g)

5.74 花被片形状

在盛花期，选取树冠中部向阳面生长健壮的开花枝10条，以其上花朵为观测对象，采用目测法，观察花枝上花朵花被片的形状，与花被片形状模式图对比，确定花被片形状。

1 圆形

2 卵圆形

3 长卵形

5.75 花被片被毛

以5.74选取的开花枝为观测对象，采用目测法，观测花被片上被毛的情况。

1 是

2 否

5.76 花药颜色

以5.74选取的开花枝为观测对象，采用目测法，观测花朵中花药的颜色，与标准比色卡对比，按照最大相似原则，确定花药颜色。

1 淡黄色

2 深黄色

5.77 花被片颜色

以5.74选取的开花枝为观测对象，采用目测法，观测花朵中花被片的颜色，与标准比色卡对比，按照最大相似原则，确定花被片颜色。

1 紫褐色

2 灰褐色

3 灰白色

5.78 花丝是否高出柱头

以5.74选取的开花枝为观测对象，采用目测法，观测花朵中花丝是否高出柱头。

1 是

2 否

5.79 翅果形状

在果实成熟期，选取树冠中部向阳面生长健壮的果枝10条，以其上果实为观察对象，采用目测法，观察果枝上翅果的形状，与翅果形状模式图对比，确定翅果形状。

1 圆形

2 扁圆形

3 椭圆形

4 倒卵形

5.80 翅果是否被毛

以5.79选取的果实作为观测对象，采用目测法，观测成熟翅果上是否被毛。

1 无

2 有

5.81 翅果长

以5.79选取的果实作为观测对象，测量50枚翅果的长度。记录实测数据，计算平均值，单位为cm，精确到0.1 cm。

5.82 翅果宽

以5.79选取的果实作为观测对象，测量50枚翅果的宽度。记录实测数据，计算平均值，单位为cm，精确到0.1 cm。

5.83 果柄长

以5.79选取的果实作为观测对象，测量50枚果实果柄长的长度。记录实测数据，计算平均值，单位为cm，精确到0.1 cm。

5.84 果柄是否被毛

以5.79选取的果实作为观测对象，采用目测法，观察果柄是否被毛。

1 无

2 有

5.85 果实先端闭合

以5.79选取的果实作为观测对象，采用目测法，观测果实先端是否闭合。

1　是

2　否

5.86　种子形状

以 5.79 选取的果实作为观测对象，剥离出种子，采用目测法，观测种子的形状，与种子形状模式图对比，确定种子形状。

1　圆形

2　扁圆形

5.87　种子翅果位置

以 5.79 选取的果实作为观测对象，采用目测法，观察种子在翅果中的位置，与种子位于翅果位置模式图对比，确定种子位于翅果的位置。

1　中部

2　中部以上

5.88　繁殖特性

白榆种质的繁殖特性，根据繁殖方法如实记录。

1　实生

2　嫁接

3　嫩枝扦插

4　硬枝扦插

5　压条

6　根插

7　组织培养

8　分株

9　其他

5.89　分枝能力

选取 15 株生长正常的成年植株，采用目测法，观察树木生长过程中分枝的能力。

1　低

2　中等

3　强

5.90　结实能力

树木果期结实的能力。选取 15 株生长正常的植株，采用目测法，观察树木果期的结实能力。

1　低

2　中等

3　强

5.91　萌芽期

于早春采用目测的方法，观察整个植株，5%叶芽鳞片开始分离，其间露出浅色痕迹的时间，以“月日”表示。

5.92　始花期

于早春采用目测的方法，观察整个植株，5%叶芽鳞片开始分离，其间露出浅色痕迹的时间，以“月日”表示。

5.93　盛花期

于开花期采用目测的方法，观察整个植株，25%花全部开放的时间。以“月日”表示。

5.94　末花期

于开花期采用目测的方法，观察整个植株，75%花全部开放的时间。以“月日”表示。

5.95　果实成熟期

于果实成熟期采用目测的方法，观察整个植株，以25%果实成熟的时间为果实成熟期。以“月日”表示。

5.96　落叶期

在落叶期，采用目测法，观察整个植株，全树约有25%的叶片自然脱落的时间为落叶期。以“月日”表示。

5.97　生长期

计算自萌芽期至落叶期的天数。单位为d，精确到1d。

6　品质特性

6.1　翅果含油量

收取树冠外围中部成熟果实，按照下列方法进行含油量测定。3次重复，记录实测数据，计算平均值。含油量以百分数(%)表示，精确到0.1%。

翅果采收后除去杂质，在75℃烘箱中烘干2 h；取样品10 g以上，磨碎后放在干燥瓶中备用；将定性滤纸及棉线用石油醚处理掉可溶物，挥发后置于恒温烘箱(103±2℃)干燥2 h后待用；将一批石油醚倒入大容器中充分混合后备用。

用滤纸叠成一边不封口的滤纸包，准确称量，用角匙将样品小心装入滤纸包，称样量为2~3 g，精确至0.001 g，小心包好滤纸包，用铅笔标上样品号。将样品包放入有盖玻璃杯中(注意开口向上)，沿杯壁倒入石油醚至完全浸泡，合上杯盖放置过夜。将浸泡一夜的样品包装入脂肪抽提器，视抽提筒实际大小，每个抽提筒可装至少两个样包(包口向上放置)。然后将浸泡后的石油醚放入脂肪抽提器的抽提瓶，在抽提筒中重新倒入石油醚，使其完全浸泡样包，连接好抽提器的各部分，接通回凝水，在恒温水浴锅中进行抽提，调节水温在70~80℃，抽提5 h。抽提完毕，取出样包，在通风处使石油醚挥发，另将抽提器中的剩余石油醚回收。将样包置于恒温烘箱(103±2℃)干燥1.5 h，取出后放入干燥箱，冷却至室温，再在称量瓶中称取样包质量。

按照下列公式计算翅果含油量：

$$w = [(m_2 - m_0)/(m_1 - m_0)] \times 100$$

其中：w——含油量(%)

m_0——滤纸质量(g)

m_1——滤纸质量加测试样质量(g)

m_2——滤纸质量加干燥后提取物质量(g)

6.2 木材基本密度

按照GB 1933—91中具体方法进行测定。单位为g/cm^3，精确到0.001 g/cm^3。

根据测定结果及下列标准，确定白榆植株木材的全干材重量除以饱和水分时木材的体积为木材基本密度。

6.3 木材纤维长度

采用显微镜测定法或近红外光谱技术测定白榆植株木材纤维的长度，单位为mm，精确到0.1mm。

6.4 木材纤维宽度

采用显微镜测定法或近红外光谱技术测定白榆植株木材纤维的宽度，单位为μm，精确到0.1 μm。

6.5 木材纤维长宽比

白榆植株木材纤维长度和宽度的比值。

6.6 木材纤维含量

白榆植株木材纤维的含量，以%表示。

6.7 木材造纸得率

白榆植株木材用于造纸的得率，以%表示。

6.8 木材顺压强度

按照GB 1935—91在MW-4型万能木材力学试验机上测定。单位为MPa，精确到0.1 MPa。

根据测定结果及下列标准，确定白榆植株木顺纹抗压强度的大小。

1　高(顺纹抗压强度≥50 MPa)

2　较高(40 MPa≤顺纹抗压强度＜50 MPa)

3　中(30 MPa≤顺纹抗压强度＜40 MPa)

4　较低(20 MPa≤顺纹抗压强度＜30 MPa)

5　低(顺纹抗压强度＜20 MPa)

6.9　木材抗弯强度

按照 GB 1936—1 在 MW-4 型万能木材力学试验机上测定。单位为 MPa，精确到 0.1 MPa。

根据测定结果及下列标准，确定白榆植株木材抗弯强度的大小。

1　高(抗弯强度≥15 MPa)

2　较高(10 MPa≤抗弯强度＜15 MPa)

3　中(8 MPa≤抗弯强度＜10 MPa)

4　较低(6 MPa≤抗弯强度＜8 MPa)

5　低(抗弯强度＜6 MPa)

6.10　木材干缩系数

沿树干方向自嫁接口以上 0.5 m 处开始，每隔 1 m 取一木段，一般取 3 ~ 4 个木段。沿平行于树干尖削度的方向锯出数根试条，试条厚度不小于 35 mm。在室内堆放成通风较好的木垛，进行大气干燥，达到平衡含水率后，按照国家标准 GB 1927—1943—91《木材物理力学性质试验方法》测定并计算白榆植株的体积全干缩率。单位为%，精确度 0.1%。

根据测定结果，确定榆属植株木材干燥时体积收缩率与纤维饱和点之比值，即为白榆植株木材干缩系数。

6.11　木材弹性模量

按照 GB 1936.2—91 在试验机上测定。单位为 MPa，精确到 10 MPa。

根据测定结果，确定白榆植株木材在弹性变形阶段，其弹性模量。

6.12　木材硬度

按照 GB 1941—2009 在试验机和电触型硬度试验设备上测定。单位为 N，精确到 10 N。

根据测定结果，确定白榆植株木材的硬度。

1　硬

2　中

3　软

6.13　木材冲击韧性

按照 GB 1940—2009 在摆锤式冲击试验机上测定。单位为 kJ/m^2，精确到

1 kJ/m^2。

根据测定结果，确定白榆植株木材抵抗冲击荷载的能力。

1 强

2 中

3 差

7 抗逆性

7.1 耐寒性

在冬季深休眠季节，从成年树上采集树冠外围中上部生长健壮的 1 年生枝条，室内用自来水冲洗，蒸馏水浸洗。按照品种、处理装入小塑料袋中(每处理的数量不少于 10 支)，置于一定低温冰箱中(－16℃、－18℃、－20℃、－22℃、－24℃、－26℃、－28℃、－30℃)冷冻 24 h，升温和降温速率为 4℃/h。用萌芽生长法和组织褐变法评价叶芽和花芽受害程度。

萌芽催长法：将前述冷冻后的枝段沙藏在 0℃左右的湿砂中。通过自然休眠后，插于温室催芽(昼 25℃/夜 16℃)，20 d 后统计各品种在不同处理温度下叶芽及花芽死亡率。每次处理统计至少 100 个叶芽(或花芽)，重复 2 次，用 Logistic 方程求各品种芽致死温度。

根据寒害症状将抗寒性分为 5 级。

耐寒性	评价标准(半致死温度)
1 极强	< －26℃
2 强	－26 ~ －23℃
3 中	－23 ~ －20℃
4 弱	－20 ~ －17℃
5 极弱	≥ －17℃

组织褐变法：冷冻砂藏后的枝段，每品种选 5 个枝条，用徒手切片纵切枝条的第五节位，切 10 个 0.5 cm×0.2 cm 的薄片，镜检枝条不同组织在低温处理后的褐变程度，按 1(未变)、2(轻变)、3(中变)、4(重变)、5(极重)共 5 个等级统计分析，以在该温度下 1 或 3 级褐变指数反映品种的耐寒温度。

7.2 抗涝性

水分过多造成植株叶片萎蔫、发黄，严重时导致植株死亡。白榆耐涝性鉴定主要鉴定苗期忍受土壤湿涝的能力。

用福尔马林消毒的泥土和草碳 5:1 混合物作为盆栽基质，盆钵上口径

20 cm以上，每份种质设 3 次重复，每重复至少 10 株苗，苗木高度、粗度基本一致。春季，在幼苗长至 20 cm 左右时，将盆钵移至有遮雨设施的防渗苗床内，往苗床内灌水，水面超过盆内基质面 5 cm，使试材始终处于水淹状态，以正常管理植株为对照。水淹 20 d 后(如果在夏季进行鉴定应适当缩短水淹时间，或根据受害情况确定水淹时间)，对试材受害程度进行调查。

根据涝害症状将涝害分为 6 级。

级别	涝害症状
0	与对照无差异，无障碍症状
1	20%叶片受害
2	21%～35%叶片受害
3	36%～50%叶片受害
4	51%～65%叶片受害
5	65%以上叶片

根据受害级别计算涝害指数，计算公式为：

$$WI = \sum (s_i n_i)/5N \times 100$$

其中：WI——涝害指数(%)

s_i——危害级别

n_i——各级危害株数

i——涝害的各个级别

N——调查总株数

抗涝性		涝害指数
1	极强	＜30%
2	强	30%～50%
3	中	50%～60%
4	弱	60%～70%
5	极弱	≥70%

8 抗病虫性

8.1 榆紫叶甲虫虫害抗性

观测部位：整个植株

观测方法：目测新梢感染榆紫叶甲虫的数量和程度。对于抗性种质要进行人工接种鉴定：5 月份，选取长势正常的植株，每株选择长势中庸的新梢 10 个，每个新梢接种榆紫叶甲虫 500 只，然后用银灰色防虫网罩住，1 周后进行抗性调查。

根据症状病情分为 5 级。

级别	标准
1	未发现虫害
2	有虫害但未造成为害
3	轻微为害
4	危害较重，危害叶片数量超过新梢叶量的 50%
5	危害极重，所有叶片为害

根据受害级别计算虫害指数，计算公式为：

$$DI = \sum (s_i n_i)/5N \times 100$$

其中：DI——虫害指数(%)

s_i——为害级别

n_i——各级危害新梢数

i——虫害的各个级别

N——调查新梢数

榆紫叶甲虫虫害抗性	虫害指数
1 高抗(HR)	<20%
2 抗病(R)	20% ~40%
3 中抗(MR)	40% ~60%
4 感病(S)	60% ~80%
5 高感(HS)	≥80%

8.2 黑绒金龟子虫害抗性

观测部位：整个植株

观测方法：目测新梢感染黑绒金龟子的数量和程度。对于抗性种质要进行人工接种鉴定：5 月份，选取长势正常的植株，每株选择长势中庸的新梢 10 个，每个新梢接种黑绒金龟子 500 只，然后用银灰色防虫网罩住。于 1 周后进行抗性调查。

根据症状病情分为 5 级。

级别	标准
1	未发现虫害
2	有虫害但未造成为害
3	轻微为害
4	危害较重，危害叶片数量超过新梢叶量的 50%
5	危害极重，所有叶片为害

根据受害级别计算虫害指数，计算公式为：

$$DI = \sum (s_i n_i)/5N \times 100$$

其中：DI——虫害指数（%）

s_i——危害级别

n_i——各级危害新梢数

i——虫害的各个级别

N——调查新梢数

黑绒金龟子虫害抗性	虫害指数
1　高抗（HR	<20%
2　抗病（R）	20% ~40%
3　中抗（MR）	40% ~60%
4　感病（S）	60% ~80%
5　高感（HS）	≥80%

8.3　榆天社蛾虫害抗性

观测部位：整个植株

观测方法：目测新梢感染榆天社蛾的数量和程度。对于抗性种质要进行人工接种鉴定：5 月份，选取长势正常的植株，每株选择长势中庸的新梢 10 个，每个新梢接种榆天社蛾 500 只，然后用银灰色防虫网罩住，1 周后进行抗性调查。

根据症状病情分为 5 级。

级别	标准
1	未发现虫害
2	有虫害但未造成危害
3	轻微危害
4	危害较重，危害叶片数量超过新梢叶量的 50%
5	危害极重，所有叶片危害

根据受害级别计算虫害指数，计算公式为：

$$DI = \sum (s_i n_i)/5N \times 100$$

其中：DI——虫害指数（%）

s_i——危害级别

n_i——各级危害新梢数

i——虫害的各个级别

N——调查新梢数

榆天社蛾虫害抗性	虫害指数

1	高抗(HR)	<20%
2	抗病(R)	20% ~40%
3	中抗(MR)	40% ~60%
4	感病(S)	60% ~80
5	高感(HS)	≥80%

8.4 榆毒蛾虫害抗性

观测部位：整个植株

观测方法：目测新梢感染榆毒蛾的数量和程度。对于抗性种质要进行人工接种鉴定：5 月份，选取长势正常的植株，每株选择长势中庸的新梢 10 个，每个新梢接种榆毒蛾 500 只，然后用银灰色防虫网罩住，1 周后进行抗性调查。

根据症状病情分为 5 级。

级别	标准
1	未发现虫害
2	有虫害但未造成危害
3	轻微危害
4	危害较重，危害叶片数量超过新梢叶量的 50%
5	危害极重，所有叶片危害

根据受害级别计算虫害指数，计算公式为：

$$DI = \sum (s_i n_i)/5N \times 100$$

其中：DI——虫害指数,%

s_i——危害级别

n_i——各级危害新梢数

i——虫害的各个级别

N——调查新梢数

榆毒蛾虫害抗性		虫害指数
1	高抗(HR)	<20%
2	抗病(R)	20% ~40%
3	中抗(MR)	40% ~60%
4	感病(S)	60% ~80%
5	高感(HS)	≥80%

9 其他特征特性

9.1 花粉粒

利用电子显微镜观察白榆种质花粉粒的形状、大小和外壁纹饰。

9.2 指纹图谱与分子标记

对重要的白榆种质进行分子标记并构建指纹图谱，记录分子标记分析及构建指纹图谱的方法(ISSR、SSR、AFLP 等)，并注明所用引物、特征带的分子量大小或序列以及所标记的性状和连锁距离等分析数据。

9.3 核型

采用细胞遗传学方法对染色体的数目、大小、形态和结构进行鉴定。以核型公式表示，例如：2n＝28。

9.4 备注

白榆种质特殊描述符或特殊代码的具体说明。

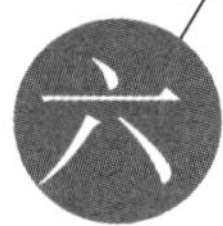

白榆种质资源数据采集表

1 基本信息			
资源流水号(1)		资源编号(2)	
种质名称(3)		种质外文名(4)	
科中文名(5)		科拉丁名(6)	
属中文名(7)		属拉丁名(8)	
种名或亚种名(9)		种拉丁名(10)	
原产地(11)		省(自治区、直辖市)(12)	国家(13)
来源地(14)		归类编码(15)	
资源类型(16)	1:野生资源(群体、种源) 2:野生资源(家系) 3:野生资源(个体、基因型) 4:地方品种 5:选育品种 6:遗传材料 7:其他		
主要特征(17)	1:高产 2:优质 3:抗病 4:抗虫 5:抗逆 6:高效 7:其他		
主要用途(18)	1:材用 2:食用 3:药用 4:防护 5:观赏 6:其他		
气候带(19)	1:热带 2:亚热带 3:温带 4:寒带		
生长习性(20)	1:喜光 2:耐盐碱 3:喜水肥 4:耐干旱		
开花结实特性(21)		特征特性(22)	
具体用途(23)		观测地点(24)	
繁殖方式(25)	1:有性繁殖(种子繁殖) 2:有性繁殖(胎生繁殖) 3:无性繁殖(扦插繁殖) 4:无性繁殖(嫁接繁殖) 5:无性繁殖(根繁) 6:无性繁殖(分蘖繁殖)		
选育(采集)单位(26)		育成年份(27)	
海拔(28)	m	经度(29)	
纬度(30)		土壤类型(31)	
生态环境(32)		年均温度(33)	℃
年均降水量(34)	mm	图像(35)	

（续）

记录地址(36)		保存单位(37)	
单位编号(38)		库编号(39)	引种号(40)
采集号(41)		保存时间(42)	
保存材料类型(43)	1:植株　2:种子　3:营养器官(穗条、根穗)　4:花粉　5:培养物　6:其他		
保存方式(44)	1:原地保存　2:异地保护　3:设施(低温库)保存		
实物状态(45)	1:良好　2:中等　3:较差　4:缺失		
共享方式(46)	1:公益　2:公益借用　3:合作研究　4:知识产权交易　5:资源纯交易　6:资源租赁　7:资源交换　8:收藏地共享　9:行政许可　10:不共享		
获取途径(47)	1:邮递　2:现场获取　3:网上订购　4:其他		
联系方式(48)			
源数据主键(49)		关联项目及编号(50)	
2　形态特征和生物学特性			
生活型(51)	1:小乔木　2:大乔木　3:灌木	树姿(52)	1:直立　2:开张
树冠形状(53)	1:球形　2:卵形　3:长卵形　4:圆柱形　5:倒卵形　6:圆锥形　7:垂枝形		
生长势(54)	1:强　2:中　3:弱	树高(55)	m
冠幅(56)	m	冠体积(57)	m^3
树冠圆满度(58)	%	树干尖削度(59)	cm
主干类型(60)	1:直干型　2:弯干型	树冠内主干是否明显(61)	1:是　2:否
胸径(62)	cm	主干高(63)	m
主干材积(6)	m^3	胸高形数(65)	%
主干弯数(66)	个	主干通直度(67)	1:直　2:稍弯　3:弯
竞争枝数(68)	个	竞争枝角度(69)	°
枝干比(70)	%	幼树树皮颜色(71)	1:灰绿色　2:灰白色　3:灰褐色
幼树皮孔颜色(72)	1:褐色　2:棕色	幼树皮孔排列(73)	1:横　2:竖　3:横竖兼有
幼树皮孔密度(74)	1:密集　2:中等　3:稀疏	树皮颜色(75)	1:青绿色　2:灰白色　3:灰褐色　4:黄褐色　5:红褐色
树皮开裂形式(76)	1:不开裂　2:浅裂　3:中裂　4:深裂	树皮开裂方向(77)	1:纵裂　2:横裂　3:纵横裂兼有
树皮剥落(78)	1:是　2:否	树皮开裂是否规则(79)	1:是　2:否
树干皮孔(80)	1:清晰可见　2:隐约可见　3:无	枝条伸展姿态(81)	1:直立　2:斜展　3:平展　4:下垂
枝条木栓翅(82)	1:有　2:无	枝条密度(83)	1:密集　2:中等　3:稀疏

（续）

枝下高(84)	m	自然整枝(85)	1:差 2:较差 3:中等 4:较好 5:好
分枝角度(86)	°		
分枝粗度(87)	cm	一级侧枝数(88)	个
冬芽形状(89)	1:圆锥形 2:卵形 3:圆形	幼枝被毛(90)	1:无 2:稀疏 3:较密
1 年生枝被毛(91)	1:无 2:稀疏 3:较密	幼枝颜色(92)	1:淡绿色 2:绿色 3:黄绿色 4:黄色
1 年生枝颜色(93)	1:青绿色 2:灰白色 3:紫褐色	1 年生枝扭曲(94)	1:是 2:否
1 年生枝下垂(95)	1:是 2:否	2～3 年生小枝颜色(96)	1:青绿色 2:灰褐色 3:红绿色 4:棕色
叶形(97)	1:披针形 2:长卵形 3:卵形 4:卵圆形 5:倒卵形 6:椭圆形 7:阔椭圆形		
幼叶颜色(98)	1:黄色 2:黄绿色 3:绿色 4:红褐色	秋叶颜色(99)	1:绿色 2:紫红色 3:黄褐色 4:红褐色
成熟叶颜色(100)	1:墨绿色 2:绿色 3:黄色 4:红褐色	叶片质地(101)	1:纸质 2:厚纸质 3:革质
叶片光泽(102)	1:无 2:有	叶长(103)	cm
叶宽(104)	cm	叶柄长(105)	cm
叶柄被毛(106)	1:无 2:稀疏 3:较密	托叶长(107)	cm
托叶宽(108)	cm	托叶形状(109)	1:披针形 2:卵形
叶面被毛(110)	1:无 2:稀疏 3:密	叶背被毛(111)	1:无 2:稀疏 3:密
叶片基部偏斜程度(112)	1:不偏斜 2:轻度 3:中度 4:重度	叶尖形状(113)	1:渐尖 2:尾尖 3:锐尖 4:突尖 5:钝尖 6:凹缺
叶片最宽处位置(114)	1:中部以上 2:中部 3:中部以下	叶缘锯齿类型(115)	1:单锯齿 2:重锯齿
叶缘锯齿深度(116)	1:浅 2:较深 3:深	锯齿先端形状(117)	1:尖 2:钝
侧脉对数(118)	对	侧脉末端状态(119)	1:交叉 2:不交叉
叶片边缘是否平展(120)	1:是 2:否	单叶鲜重(121)	g
单叶干重(122)	g	叶片相对含水量(123)	g
花被片形状(124)	1:圆形 2:卵圆形 3:长卵形	花被是否被毛(125)	1:是 2:否
花药颜色(126)	1:淡黄色 2:深黄色	花被片颜色(127)	1:紫褐色 2:灰褐色 3:灰白色

（续）

花丝是否高出柱头(128)	1:是 2:否	翅果形状(129)	1:圆形 2:扁圆形 3:椭圆形 4:倒卵形
翅果是否被毛(130)	1:无 2:有	翅果长(131)	cm
翅果宽(132)	cm	果柄长(133)	cm
果柄是否被毛(134)	1:无 2:有	果实先端闭合(135)	1:是 2:否
种子形状(136)	1:圆形 2:扁圆形	种子位置(137)	1:中部 2:中部以上
繁殖特性(138)	1:实生 2:嫁接 3:嫩枝扦插 4:硬枝扦插 5:压条 6:根插形 7:组织培养 8:分株 9:其他		
分枝能力(139)	1:低 2:中等 3:强	结实能力(140)	1:低 2:中等 3:强
萌芽期(141)	月 日	始花期(142)	月 日
盛花期(143)	月 日	末花期(144)	月 日
果实成熟期(145)	月 日	落叶期(146)	月 日
生长期(147)	d		

3 品质特性

翅果含油量(148)	%		
木材基本密度(149)	g/cm^3	木材纤维长度(150)	mm
木材纤维宽度(151)	μm	木材纤维长宽比(152)	
木材纤维含量(153)	%	木材造纸的得率(154)	%
木材顺压强度(155)	1:高 2:较高 3:中 4:较低 5:低	木材抗弯强度(156)	1:高 2:高 3:中 4:较低 5:低
木材干缩系数(157)		木材弹性模量(158)	
木材硬度(159)	1:硬 2:中 3:软	木材冲击韧性(160)	1:强 2:中 3:差

4 抗逆性

耐寒性(161)	1:强 2:中 3:弱
抗涝性(162)	1:强 2:中 3:弱

5 抗病虫性

榆紫叶甲虫虫害(163)	1:高抗 2:抗病 3:中抗 4:感病 5:高感
黑绒金龟子虫害抗性(164)	1:高抗 2:抗病 3:中抗 4:感病 5:高感
榆天社蛾虫害抗性(165)	1:高抗 2:抗病 3:中抗 4:感病 5:高感
榆毒蛾虫害抗性(166)	1:高抗 2:抗病 3:中抗 4:感病 5:高感

6 其他特征特性

花粉粒(167)	
核型(168)	
指纹图谱与分子标记(169)	
备注(170)	

填表人： 审核： 日期：

白榆种质资源调查登记表

调查人			调查时间		
采集资源类型	□野生资源(群体、种源)　□野生资源(家系) □野生资源(个体、基因型)　□地方品种　□选育品种 □遗传材料　□其他				
采集号			照片号		
地点					
北纬	°　′　″		东经	°　′　″	
海拔	m		坡度	°	坡向
土壤类型					
树冠形状	□球形　□卵形　□长卵形　□圆柱形　□倒卵形　□圆锥形　□垂枝形				
生长势	□弱　□中　□强				
树皮颜色	□青绿色　□灰白色　□灰褐色　□黄褐色　□红褐色				
树干皮孔	□清晰可见　□隐约可见　□无				
成熟叶颜色	□墨绿色　□绿色　□黄色　□红褐色				
叶形	□披针形　□长卵形　□卵形　□卵圆形　□倒卵形　□椭圆形　□阔椭圆形				
叶片基部偏斜程度	□不偏斜　□轻度　□中度　□重度				
翅果形状	□圆形　□扁圆形　□椭圆形　□倒卵形				
树龄	年	树高	m	胸径	cm
冠幅(东西×南北)	m				
其他描述					
权属			管理单位/个人		

填表人：　　　　审核：　　　　日期：

白榆种质资源利用情况登记表

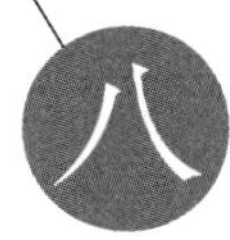

<table>
<tr><td>种质名称</td><td colspan="5"></td></tr>
<tr><td>提供单位</td><td></td><td>提供日期</td><td></td><td>提供数量</td><td></td></tr>
<tr><td>提供种质
类　　型</td><td colspan="5">野生资源(群体、种源)□　野生资源(家系)□
野生资源(个体、基因型)□　遗传材料□　其他□</td></tr>
<tr><td>提供种质
形　　态</td><td colspan="5">植株(苗)□　果实□　籽粒□　根□　茎(插条)□
叶□　芽□　花(粉)□　组织□　细胞□　DNA□　其他□</td></tr>
<tr><td>统一编号</td><td colspan="2"></td><td colspan="2">国家种质资源圃编号</td><td></td></tr>
<tr><td>国家中期库编号</td><td colspan="2"></td><td colspan="2">省级中期库编号</td><td></td></tr>
</table>

提供种质的优异性状及利用价值：

利用单位		利用时间	
利用目的			

利用途径：

取得实际利用效果：

种质利用单位盖章　　　　　　　　种质利用者签名：

年　　月　　日

参考文献

曹一化，刘旭 . 2006. 自然科技资源共性描述规范[M]. 北京：中国科学技术出版社 .

戴宝合 . 1993. 野生植物资源学[M]. 北京：农业出版社.

顾万春 . 中国林木种质资源保存、研究与对策[C]. 中国生物多样性保护与研究进展，2002.

国家林业局印发《林木种质资源调查技术规程(试行)》的通知 . 林场发〔2008〕197 号 .

郭建华，李玉珊，李晶华 . 1998. 白榆一新变种[J]. 植物研究，8(1)：107.

刘苹，孙明高，赵海军，等 . 2003. 白榆无性系叶片 N、P、K 含量及材积生长的相关性[J]. 北京林业大学学报，25(6)：19 - 26.

刘佰通，杨淑芬 . 2014. 金叶垂榆人工栽培及病虫害防治[J]. 中国林富特产，131(4)：65 - 66.

曲波，张微，陈旭辉，等 . 2001. 植物花芽分化研究进展[J]. 中国农学通报，26(24)：109 - 114.

王琳，肖立诚，周玉梅 . 2010. 保护与开发林木种质资源的意义及方法[J]. 绿色科技，(6)：11 - 12.

王钦丽，卢龙斗 . 2002. 花粉的保存及其生活力测定[J]. 植物学通报，19(3)：365 - 373.

王景胜，梁宏斌，王丽华，等 . 2000. 东港地区榆树病虫害发生现状几治理对策[J]. 辽宁林业科技，(2)：23 - 24.

韦新和，奚钊 . 2012. 榆树的形态特征及繁殖育苗技术[J]. 吉林农业，(10)：202.

闫淑芳，黄印冉，张均营，等 . 2004. 白榆新品种‘阳光男孩’[J]. 园艺学报，41(12)：2553 - 2554.

闫淑芳，黄印冉，张均营，等 . 2015. 白榆新品种‘阳光女孩’[J]. 园艺学报，42(5)：1017 - 1018.

张畅，姜卫兵，韩健 . 2010. 论榆树及其在园林绿化中的应用[J]. 中国农学通报，26(10)：202 - 206.

张冰冰，宋洪伟 . 2013. 树莓种质资源描述规范和数据标准[M]. 北京：中国农业出版社 .

中国油脂植物编写委员会 . 1987. 中国油脂植物[M]. 北京：科学出版社.

中国科学院北京植物研究所四室油脂组 . 1975. 榆属六种植物翅果油的研究[J]. 植物学报，17(1)：45 - 48.

中国科学院植物志编委会 . 1982. 中国植物志——榆科：第 22 卷[M]. 北京：科学出版社 .

Marschner H. 1995. Mineral nutrition of higher plant[M]. London：Academic Press.

Syaml M M，Mishra K A. 1989. Effect of N，P，K on growth，flowering，fruiting and quality of mango[J]. Acta Horticulturae，31：276 - 281.